「絶つ」経営

八木秀一
YAGI SHUICHI

幻冬舎MC

「絶つ」経営

はじめに

中小企業を取り巻く環境は厳しさを増しています。

2011年以来12年連続している総人口の減少は毎年50万人を超える規模に拡大し、予想を上回るペースで進んでいる少子高齢化とともに消費市場の全体としての縮小に拍車をかけています。特に国内を主戦場とする地方中小企業は、今まさに事業の継続か廃業かという正念場を迎えているといわざるを得ません。実際、2023年上半期の全国企業倒産件数は4006件を数え、前年同期比で30%以上増加しました。4000件の大台を超えるのは5年ぶり、また全業種で前年同期を上回るのは14年ぶりと報じられています（帝国データバンク調べ）。経営環境がかつてなく厳しいというだけではありません。世界を3年以上も大混乱に陥れたコロナ禍も、2022年2月のロシア・ウクライナ戦争の勃発とその長期化も誰一人予測できなかったように、時代は今、明日何が起きても不思議ではないという不透明で不確実なものになっています。こうした状況のもとでは、過去の取り組みや成功にヒントを求める経営では生き残ることはできません。むしろ過去を絶つことによってこそ未来への展望が切り拓かれると考えなければならないのです。

　私は1984年に父親が経営する東北の小さな建築石材会社に入りました。入社する前の4年間は小学校で教鞭を執っていましたので、建築石材に関する知識は皆無で、もちろん経営などまったく縁遠い世界です。しかし事業の推進を任された私は、入社5年後には当初3億円だった売上を5倍の15億円に拡大し、従業員数も3倍の50人にまで拡大することに成功しました。その後は専務取締役として、また父親の死去後は代表取締役社長として経営を担うことになります。社長になってからは祖業である建築石材事業の大改革、石材から墓石販売へのメイン事業の転換、事業多角化と事業拠点分散を図るための積極的なM&Aの展開など新たな戦略を打ち出してきました。現在では墓石販売業で全国トップの位置を占め、グループ17社で売上総額80億円を達成する規模にまで成長させています。

　業界知識もなく経営も素人だった私が、なぜここまで会社を成長させることができたのか――それは私が業界常識や商慣習にとらわれることなく、また創業当初の父親の成功に引きずられることもなく、むしろ成功体験を絶つことを経営の基本に据えてきたことによるものです。

　業界の常識や過去の小さな成功にこだわっていたら、成長の大きな要因となった建築石材事業の改革や墓石販売事業への進出はありませんでした。内部留保を思い切って投資にまわし、12社のM&Aを実行することもなかったと思います。私の経営の要諦は、慣習や常識、過去の成功を「絶つ」ことにありました。勇気をもって「絶つ経営」を推し進めてきたからこそ現在に至る成長が可能になり、厳しい経営環境のもと、不透明で不確実な時代を生き抜いていく経営ノウハウを獲得することができたと思っています。「地盤」を絶って東京市場に進出し、「祖業」を絶って異業種に参入し、「内部留保」を絶って12社のM&Aを行い、「オーナー経営」を絶って事業承継・資産承継の新しいスキームを開発しているのです。

本書は私が敢行したこれら4つの取り組みに焦点を当て、「絶つ経営」を武器にいかに旧態依然とした環境をつくりかえ、成長を遂げてきたかを具体的にまとめたものです。今まさに生き残りをかけて奮闘する中小企業経営者の皆さんの新たな一歩へのヒントとしていただければ幸いです。

目次

第1章 既存の枠組みで勝負をしても限界がある 生き残るためには「絶つ」覚悟が不可欠

第2章

「地盤」を絶つ

建築石材業界初のＩＳＯ取得で競争力をつけ、東京市場に進出

第3章

「祖業」を絶つ

建築石材事業から墓石加工販売事業に軸足をシフトし、一気に業界首位に

第４章 「内部留保」を絶つ

積極投資にシフト、12社のＭ＆Ａによって事業多角化を実現

第5章　「オーナー経営」を絶つ

事業承継・資産承継の新しいスキームを開発して次世代へつなぐ

序章

人口減少に伴いマーケットは縮小する一方
打開策を見つけられない
地方中小企業経営者は多い

止まらない地方経済の衰退

日本の中小企業、特に地方の中小企業にとって、コロナ禍を経た今は本当に正念場です。インバウンドの回復がどうか、景気がコロナ禍前に戻るかどうかとのんびり思いを巡らせている状況ではありません。

日本の総人口は12年連続で減少しています。その勢いも拡大を続け、2023年1月1日現在、前年比約80万人と過去最大の減少を記録しました。80万人といえば、山梨県の総人口にほぼ匹敵します。それだけの人口がわずか1年で失われるというのは、非常に深刻なことだと感じます。15歳から64歳という、国の経済を支え活力を維持する基となる生産年齢人口の割合も減少を続け、6割を下回りました。市場から活力が失われていく未来を考えると、中小企業の経営者が明るい見通しをもつことはとてもできないのです。

地方は特に厳しい時代です。3大都市圏を除けば、全国の中小都市が同じような状況にあるのではないかと思います。私の会社の創業の地であり、東京とともに本部を置く宮城県も厳しい状況にあります。

人口減少や少子高齢化は全国統計以上に深刻です。県の人口は2003年の約237万1000人をピークに減少を続け、2022年は約227万9000人になりました。2023年3月現在の高齢化率（65歳以上の割合）は県平均で29・1％ですが、栗原市では41・9％、気仙沼市で40・1％、松島町では39・9％になるなど県内の7割以上の市町村ですでに30％を超えています（宮城県高齢者人口調査結果）。

返済迫る「ゼロゼロ融資」

経営環境が厳しさを増すなか、全国の企業倒産件数も増加しており、2023年の上半期は4年ぶりに4000件の大台を超えました。2023年度半ばから本格化しているいわゆるゼロゼロ融資の元金の返済も中小企業の資金繰りを苦しくする大きな要因となっています。

ゼロゼロ融資は、新型コロナウイルス感染症の急激な拡大で売上が減少した企業を支援するために実施された緊急融資で、金融機関に支払う利子は公的機関が3年間負担し、返済できない場合も信用保証協会が肩代わりする実質無利子無担保の融資のことです。２０２０年から政府系金融機関でスタートし、同年５月からは民間金融機関でも開始されました。帝国データバンクのアンケートでは、民間企業の約半数がゼロゼロ融資を含む新型コロナ関連融資を受け、融資額を見ても日本政策金融公庫は約97万件、総額約16兆円の融資を承諾、信用保証協会は約１９５万件、約37兆円の信用保証を実施しました。この37兆円という金額だけでもリーマンショック時の緊急保証を上回ります（中小企業庁「第１回金融小委員会事務局資料」２０２２年２月）。２０２３年度の国の歳出総額１１４兆円の約３分の１であり、最大の歳出項目である社会保障関係費の総額を上回ります。

私が知る範囲でも、多くの企業が雇用調整助成金のコロナ特例を利用すると同時に、ゼロゼロ融資を受けて危機を乗り切ってきました。しかし借入であることに変わりはありません。すでに３年間という利子の返済猶予期間は過ぎ、元金の返済も始まっていて、２０２３年３月時点で完済はわずか２・７％、元金返済中は52・２％で、据置期間中が33・７％、条件変更が２・３％で、約４割はこれから返済しなければならない状況です（「中小企業庁事務局説明資料」２０２３年）。元金返済は２０２３年７月頃から本格化し、今後企業倒産が増えるのではないかと予想されています。

デジタル化の遅れが経営に打撃

さらに、中小企業の経営を圧迫しているのがデジタル化の遅れによる競争力の低下です。生産管理や在庫管理、製造ラインへのＩＴやロボットの導入、間接部門の業務効率化、広告宣伝や販売促進、顧客管理などで、ＩＴ化、ＤＸの推進が必要となっています。しかし実際は、その取り組みは遅れています。

現場から聞こえてくるのは「アナログな文化、価値観が定着している」「従業員にＩＴが分かる人間がいない」「何をすればどういう効果が上がるのかが分からない」「長年の取引慣行を変えることは難しい」といった諦めにも近い声です。しかし、同じ中小企業でもいち早くデジタル化を進めたところは、業務効率を大きく改善して売上・利益を着実に拡大し、YouTubeやＳＮＳの活用による顧客のファン化、囲い込みにも成功、市場での優位を確実にしています。大企業ではＩＴ化の進捗に大きな差はあまりないと思われますが、中小企業ではその差は大きく、デジタル化の進展の度合いが、そのまま市場での競争力の優劣に表れています。今後、超高速の５Ｇ通信環境が当たり前になり、クラウド環境を活用したさまざまなシステムの導入がさらに進むことが明確になっています。デジタル対応の遅れは経営の大きなマイナス要因にならざるを得ないのです。

深刻化する後継者不足

中小企業の経営者の間であいさつ代わりに「人がいない」という言葉が飛び交っています。「人手不足倒産」が目立ち、ほかにも「後継者難倒産」が2013年度以降過去最高を記録し、「物価高（インフレ）倒産」は2021年度の3・4倍にも達しています（「物価高倒産動向調査2022年度」帝国データバンク）。

人手不足は年を追うごとに深刻化しています。東京商工会議所が2022年7月に実施した調査（回答企業2880社）によれば、「人手が不足している」と回答した企業の割合は64・9％で、前年比15ポイントも増えました。同じ調査で、求職者に対して魅力ある企業になるための取り組みを聞けば、「賃上げの実施、募集賃金の引上げ」「福利厚生の充実」「人材育成・研修制度の充実」という回答が上位となったのですが、いうまでもなくこれらは新たな投資を伴うので、簡単には実施できません。対策は見えていても、経営状況を考えれば実際には取り組めないという出口の見えない状況にあるのです。

　後継者の不在も深刻な問題です。

　後継者が決まっていない経営者は、60代で48・2％と約半数に上り、70代でも38・6％に達するなど深刻さがうかがえます（「2021年版　中小企業白書」）。企業の休廃業・解散件数も2020年は4万9698件と過去最高を記録し、その6割以上が黒字経営であるにもかかわらず廃業しています（出典同）。

　多くの中小企業がようやくコロナ禍が沈静化したと思った矢先、長期化するウクライナ戦争や円安を背景にしたエネルギーをはじめとするあらゆる物価の高騰に見舞われ、慢性化した人手不足と後継者難、最低賃金の引き上げや残業規制の強化による実質的な賃金上昇もあり、経営に明るい材料は見当たりません。

過去の成功を捨て未来を見る

　現在の経済や経営の困難は単なる景気の波に起因するものではありません。中小企業の経営者にとってこれほど先行きが見えない時代はかつてなかったのではないかと思います。なんとか展望を切り拓こうと、既存事業の強化・拡大や新たな市場への進出を目的にM&Aへの取り組みを始めた中小企業もあります。しかし、買収しようとする企業の見極めは難しく、十分な情報が得られずに不安な要素が残されたままになることが少なくありません。買収価格の算出も難しく、価格の折り合いがつかずに破談になるケースも多く見られます。

今はVUCA、あるいは超VUCAの時代ともいわれています。VUCAとはVolatility（変動性）、Uncertainty（不確実性）、Complexity（複雑性）、Ambiguity（曖昧性）の4つの言葉の頭文字を取ったものです。実際、先行きがまったく読めない不確実で不透明な時代であることは明らかです。コロナ禍もロシアのウクライナ侵攻も誰も予想できず、長期間続くと見通した人はほとんどいませんでした。

これまでなら、既存事業の効率化や収益の向上を図るために策を練ったり、顧客名簿を見直して関係の改善を図ったり、従来の市場や技術の延長で新たな製品開発を検討するなど、足下を見直し過去の財産を掘り起こし、過去の成功に学ぶなどの方策が自動的に浮かびました。しかし今は、過去にどんなに目を凝らしても、未来への策は見えてきません。むしろ、過去の成功体験やこれまでの発想法、思考のスタイルにこだわることは、企業活動の自由度を下げ、活動領域を限定することになりかねません。私は過去へのこだわりをあえて絶ち、柔軟でしなやかな思考をもち続けることが大切だと考えます。

第1章

既存の枠組みで勝負をしても限界がある
生き残るためには「絶つ」覚悟が不可欠

「絶つ経営」は創業社長譲りのＤＮＡ

「絶つ経営」の大切さを教えてくれたのは、東北の小さな建築石材会社の創業社長である私の父です。

宮城県の東松島市（旧・桃生郡鳴瀬町）で私の家は代々農業をしていました。父は日本の農業はアメリカなどの大規模農業にとても太刀打ちできない、小規模な農業をいつまで続けてもまともに食べていけないと、独立して商売を始めようと考えました。

目を付けたのが地元の特産品である野蒜《のびる》石（のちに松島石と呼称）の採石と販売でした。この石は凝灰岩の一種で軟石と総称される部類に入ります。よく名前が知られている大谷石や砂岩なども軟石に分類され、数年で風化が始まることから建物の外装には適さないといわれます。外に使われるとしても、塀や蔵の外装などに限られ、ほとんどがコンクリートブロックと同様で構造材としての使用でした。半面、軟らかいので採掘しやすく、軽量であることから運搬も比較的簡単で東松島の特産品として古くから知られていました。しかもタイミング良く、たまたま国鉄（現ＪＲ）仙石線野蒜駅前の軟石加工工場が売りに出たのを知った父は、すぐに仲間4人で出資し合って工場を買い取って1962年に会社を設立し、野蒜石をメインの商材として事業に乗り出しました。これが現在に至る私の会社の出発点です。

野蒜石は簡単に露天掘りができます。先行しているほかの会社同様、山の所有者から採掘権を購入し、山に職人を送り込んで石を切り出していきました。

1960年代は右肩上がりの高度成長が続き、住宅関連だけでなく店舗や商業建築の内外装にも石が使われるようになっていきました。軽くて加工が容易で比較的安価な野蒜石は人気が出て、父は日本三景で有名な松島産の石であることから「銘石 松島石」と名付けたのです。つまり、今でいうブランディングをして、自ら営業を買って出て見本の荒割《あらわり》の石を抱えて全国を回って売り始めました。

営業といっても、つては何もありません。東京、大阪の駅前の公衆電話から職業別電話帳に出ている石材業者にすべて電話をかけ訪問の約束をとり、買ってくれと面談を重ねたのです。都市部ではそれなりに引き合いもあり、サイズについての注文もいろいろ受けるようになり、創業3年目頃には新たに工場を建て、注文のサイズに切断する加工もできるように改善しました。

大理石の採掘、販売にも参入

しかし、軟石の弱点でもある欠けやすく耐久性がないという特性はいかんともしがたく、ある程度以上には売上が伸びませんでした。そんなある時、営業に行った岐阜の大手石材商から、取扱品が軟石だけでは寂しいと指摘され、さらにもっと景気が上向いたら、高級品の大理石の需要が増える、東北の北上山地なら大理石が採石できると教えられたのです。そこで父は早速、大理石の採掘・加工を手掛ける会社を設立し、北上山地の山の所有者と採掘権契約をしたあとに採掘人を送り込み、野蒜石のときと同じやり方で事業を始めました。父は自ら2つの会社の営業責任者となり、取り扱った大理石は都市部で建築ラッシュとなっていた大型商業ビルの内外装に使われ、販売も好調でした。

大理石事業も順調に推移したものの、宮城県の松島と岩手県の北上の2社の営業責任者を務めるのは体力的にも大変でした。また、仕入れや販売の調整もしにくいことから、父は販売部門を統括した別会社を設立し、受注の状況に合わせて仕入れ・出荷の指示を2社に出していくことで事業の効率化と業績の拡大を進めようとしました。

1965年7月、最初の法人の設立から3年後、のちに社名は変わりましたが、今の会社を設立しました。この時に本社用地として購入したのが東北本線沿線とはいえ、仙台圏からは外れた松島駅前の土地です。湿田に申し訳程度に盛り土をしただけの原野で、160坪を借金して購入しています。

石材は重量があります。父は東北本線の駅の目の前で、引き込みの線路があり、ほとんど駅構内といえるような立地に会社を置きました。その後出荷量が増え、東京をはじめとする全国に大量の石材を出荷するようになり、東北本線の駅前に会社があることは、輸送コストと時間の両面で極めて大きな競争力になりました。しかも天然の石材は、産地から遠くへ運べば運ぶほど希少性が出て価値が高く、高価格で販売できます。遠距離輸送の効率が良いということは、高価格で売れるものをより抑えた費用で出荷できるということであり、それだけ利益率を押し上げる効果があります。この強みは、私が経営を引き継いでからも大いに活かしました。

営業・販売に特化した新会社の設立を契機に、父は事業を大きく拡張しました。それまでの取り扱い石材に加え、商材になると思えば全国どこにでも出向いて代理店契約を結び、安定的に供給できる体制を取っていきました。特定の石の採掘・販売の事業から石材卸としての事業に大きく転換していったのです。直営の宮城県の松島石、岩手県北上の大理石、御影石、伊豆の若草石に、新たに宇都宮の大谷石、長野県の鉄平石、岩手県の玄昌石などを加え、注文書1枚で産地から直接出荷させるという体制もつくりました。さらに一度に同じ品物を貨車1台分買えない取引先のために、松島駅前の本社に集荷しておき、少しずつ混載して出荷するという当時は誰もしていない配送サービスも始めて好評を得ました。1965年の新たな会社設立と石材卸への転換は成功し、その後、1974年に日本が第1次オイルショックのダメージによって戦後初のマイナス成長に陥るまでの10年間、新会社は急速に成長していきます。

海外から石を買い付け競争力を維持

大理石の販売では、中国やイタリア、スペインなどから商社経由で安価な大理石が大量に輸入されるようになり、国内産が競争力を失い始めると、父の会社も国内での採石から海外からの買い付けにシフトし、韓国、台湾、中国、ヨーロッパから石材商社を介して、あるいは同業の大卸から買い入れを行い、競争力を維持しました。

さらには石材店が求めるサイズに切断加工することで販売価格を大きく上げることができるとみた父は、当時高額だった切断機械を2台増やしてフル稼働させ、大理石事業を高収益事業として安定させました。また当時急増していた新築住宅建設に伴い、組み立て式の軟石の門柱とマントルピースの甲板にする大理石の需要が激増、自社では加工・製造が間に合わないことから全国各地に下請け製造工場を確保し、出荷を間に合わせ、大きな収益源としていきました。

父の足跡をたどると、その経営も過去にこだわるものではなかったのです。会社はスタートこそ地元の松島石でしたが、良いものとみれば全国のほかの石材も取り扱い、軟石が苦しいとみると大理石や御影石に切り換え、さらに国内産から輸入へと転換しました。一つの商材、一つの取引先にこだわらず、また商材を右から左へと売るだけではなく付加価値を付けるために工場での加工に取り組むなど、過去にとらわれず、むしろ過去を否定しながら常に変わり続けていくという姿勢を貫いていました。

実際父は創業から30年を経た頃、自分の歩みを振り返って、会社が事業を継続し、成長を続けているのは「絶えず時代の潮流に合わせて自己変革を続けてきたからだ」と言っています。

「軟石の時代はそう長く続くことはあるまいという考えのもとに、会社設立の2年後には国産大理石に方向転換しておいたことで、昭和50年代に存続し得たのではないか。しかし職人芸に多くを依存するような労働集約型のまま安住していれば、昭和60年代に生き残ることは至難であったと思う。国産大理石の時代は経済の成長に比例して、外国からの、より高級な輸入材に取って代わられ、それにつれて設備も高度化していった。遅れてはならないとの思いで、どんな注文にも即応できる設備と技術の集積が、平成の時代にも私の会社を過去のものにすることがなかった。時は一瞬も止まることなく流れ変化を続けていく。企業にとっての自己革新は休むことのない永遠の課題であり、それを怠った会社を待っているものは、歴史の彼方に消える運命しかない」と父は書き残していました。「決して立ち止まることなく自己革新を重ねて行け」というのは、先代からの大きな学びであり、創業60年を経た今に受け継がれています。

建材も経営も知識ゼロからのスタート

1962年の創業から私が入社する1984年頃まで、会社は絶え間ないチャレンジと建築業界全体の好況にも引っ張られ、それなりの業績を残しました。父は50歳代の働き盛りで、会社の売上は年2億5000万円から約3億円になり、従業員は15人ほどでした。

そもそも私は家業を継ぐつもりはまったくなく、教師になるのが夢でした。大学進学の時も、親からは将来の後継者として経済学部か法学部に行けと言われていましたが、私は教育学部に進み小学校の教員になっていました。父も私の決意が固いとみて、後継者には私からみれば叔父にあたる弟を立てようと思っていたようです。ところが、その叔父が急に亡くなったのです。父は頼みにしていた後継者を突然失ってしまいました。そのとき私は、それまでとてつもなく大きいと思っていた父の背中が小さくなっていることに気づき、改めて会社の承継について真剣に考えるようになりました。その時までに私は4年間、2つの小学校で教員を経験していました。

教員の仕事は私にとって楽しく、自分の一生の仕事と思っていました。しかし、父が創業しここまで育ててきた会社を見捨てることはできないと思い、半年ほど悩んだ末、父の会社に入ることにしました。当時の宮城県には教員の特待退職制度があり、退職後10年以内であれば、いつでも希望すれば教員に復職できることになっていましたが、退路を絶つつもりで、あえてその制度を利用せずに教員を辞めて1984年に父の会社に入社しました。その後自分で退路を絶ってしまったことに時折後悔したこともありましたが、これが私の「絶つ経営」の原点になったといえます。地方の中小企業のなかには、私と同じようにまったく予期せず、しかも進まない気持ちを抱えながら、親が創業した会社の2代目社長に就任することになったという人は少なくないと思います。私の場合、石材業界や経営についてまったく素人だったことは、むしろプラスに働きました。門外漢であった私がなんの準備もなく突然入社することになり、業界や経営の常識ではなく、私自身の常識と感覚を大事にして会社経営にあたるしかありませんでした。そんな状況から「絶つ経営」の根幹が私のなかで生まれたのです。

「既存のもの」に引きずられていたら、その世界で先行している同業の会社や経営者には絶対に勝てません。彼らはそこで長年戦い、策を練り事業を続けてきているのです。私にできることは既存の枠組み、常識や当たり前を絶つことでした。絶たなければ未来はやってこない。絶ったときに初めて未来が見え始めるのだと思っていました。

ワンマン経営が生んだ指示待ちの体質

入社後は岐阜にある老舗の石材卸の会社に研修生として受け入れてもらい、早朝から夜遅くまで毎日、建築石材事業について学びました。

建築石材の種類やそれぞれの性質・用途、取り扱いの注意点などはもちろんのこと、建築の内外装への応用の実際や施工方法、原石の採掘や買い付け、さまざまな加工方法、出荷後の石材の流れや決済のシステム、石材の基礎知識や製造から卸まで、あらゆることを実地で学びました。半年ほど研修生活を送って松島に戻り、2年ほどして専務に就任しました。世の中はバブル景気の真っただ中です。特に投資目的を含めて大量の資金が流れ込んだ建設業界は活況を呈し、私の会社の石材事業も順調に売上を伸ばしていきました。創業社長である父は余裕のある手元資金で本社工場の増設や大理石倉庫の建設、本社事務所の増設などにも手を付けて事業基盤を強化し、既存事業をさらに拡大していきました。

しかし、売上こそ伸びていたものの従業員の仕事ぶりや工場全体のよどんだ雰囲気に私は大きな不満を感じていました。初めて工場に足を踏み入れて驚いたのは、工員の動作が鈍くゆっくりだということです。別に小走りになる必要はありません。しかし、まるで散歩でもしているかのような歩調で、作業の一つひとつもゆっくりなのです。決められた作業はするものの、どうしたら効率化できるかといった問題意識はありません。ただ仕事を淡々とこなす、それだけに見えました。道具類の整理整頓もできていないので、必要になるたびに工場内を探しに歩いています。しまう場所は決めてあるのですが、守られていないのでいちいち探さなければならないのです。しかも問題は、整理整頓以前に、そういう非効率な状態でも別に気にならない、という意識でした。むしろ道具を探しがてら工場内を歩き、先々で雑談を楽しんでいる様子すらありました。また、工場は注文が増えるに従って設備類を増やしたり、増築を重ねていたりしていたので動線が複雑になっており、ここで切断したものを別のところに運んで磨き、さらに梱包・出荷の準備はまた別の離れたところに運んで、といった不合理なことがいくつもありました。しかしこれにも、改善しようという声は現場からは出てきません。効率が良かろうが悪かろうが、とにかく日々の勤務時間が無事に過ぎて、月末に給料が手に入ればそれでいいという意識なのです。父のワンマン経営の弊害です。すべて一人で考え工夫して、ここまで父が大きくしてきた会社で従業員は、ただ父の指示に従い、指示を待つだけで、自分から考え進んで何かをすることはしない人間ばかりになっていました。

しかし、そのままでは工場の生産性は上がりません。注文が増えても、納期が延びてしまうだけで1日に稼げる量は増えません。私は、工場の実態や働き方、まずここから過去を絶つことが必要だと思いました。

加工ラインを見直し工程を効率化

石材の加工機械は大がかりなもので、簡単には動かせません。いったんラインをすべて止め、入荷した大きな石材が製品として出荷できるものになるまでの工程がきれいに流れるように設備機器のレイアウトを考えて入れ替えました。取引先には多少迷惑をかけるのを覚悟して数日間業務を止め、大型クレーンを入れて配置換えを済ませました。

作業効率を上げるために機械化も進めましたが、これも簡単にはいきませんでした。ある時私が、一定の大きさに切断した石材の小口面（切断面）を磨く外国製の電動ポリッシャーを数台工場にもち込んだことがありました。当時でも高価で、岐阜で研修していた時に見てこれを使わない手はないと思っていたので、当時社長だった父の許可を得て購入したものです。圧倒的に速くきれいに磨けます。しかし40代、50代のベテラン職人たちは、社長の息子が変なものをもってきたが、手で磨くからこそ速くきれいに仕上がるといって全然使おうとしませんでした。手磨きというのは、一枚一枚砥石を手に持って、石を回しながら4辺の小口を順番に磨いていくものです。それも最初は粗く、砥石の種類を少しずつ目の細かいものに変えながら仕上げていきます。石は重く取り扱いに力がいりますから、この工程は重労働なのです。しかしベテラン職人は今までどおりが一番とばかりに試そうともしません。その電動ポリッシャーは半年ほど工場の隅で眠っていました。

翌年、工場の受注が増えていたので10代の若い従業員を3人採用して、ひととおり仕事を覚えたところでこの電動ポリッシャーを使わせてみました。するとあっという間にベテランの職人より速く、しかもきれいに磨くようになりました。それを見てベテラン職人も渋々使い始め、ようやくその後は電動ポリッシャーが当たり前になりました。まさに「新しい酒は新しい革袋に盛れ」ということわざのとおりでした。新しいことは新しい人間に教えたほうが早く定着する——その後の工場運営の教訓になりました。

建築石材の一般的な流通ルート

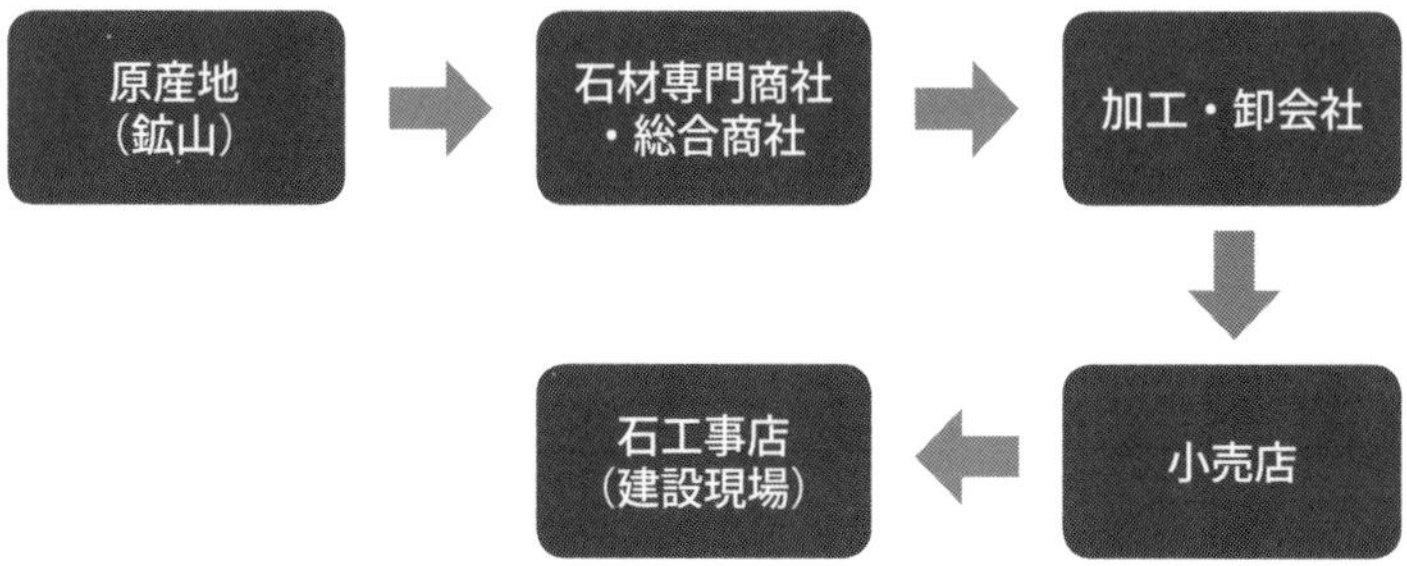

直接買い付けを増やして利益率を改善

既存事業が順調に推移しているなか、私が生産性の向上とともに考えていたのは、海外からの直接仕入れの拡大です。それができれば商社経由で購入するよりも利益率は大幅に高まり、かつ品ぞろえが強化できて提案販売ができるようになります。

建築石材のサプライチェーンは、原産地・原産国からまず石材の専門商社や総合商社が原石を買い、それを私の会社のような日本国内の石材加工業者・卸に販売、そこで求められる大きさに加工したうえで石材の小売店に販売するという形になっています。その小売業者が最終の使い手である建設会社や石工事店に販売する仕組みです。

私の会社は商社から石を買うことが基本ですが、当然ながら、自ら出向いて石を買い付けたほうが利益が大きくなり販売価格の決定権も握れます。さらに現地で「これは日本で人気が出そうだ」という石を見つけて大量に購入し、それを石材の小売業者に提案しながら販売するということもできます。もくろみどおりに事が運べば、自分が付けた価格で大量に販売することができ、営業面で大きく貢献できるのです。

一般に私の会社のような立ち位置の石材加工・卸会社は、自社で買い付けには行きません。非常に手間がかかるからです。十数時間の飛行機旅をしなければならず、そもそもどこにどういう石材会社があるのかを調べなければなりません。先方の石材会社がもっている石の種類や品質を調べ、住所を調べて連絡を取り、訪問して直接交渉することになります。品物を見て購入を決断したら大きさや数量、出荷日時、梱包形態なども確認して契約を交わし、さらに通関や保険関係の手続きもすべて済ませて帰国し、日本の港で到着を待って検品し、通関を終えてさらに陸送の手配もする、という一連の業務が発生します。そのため、こうした買い付け・輸入業務を、当時業界で売上規模が40番目か50番目くらい、従業員わずか20～30人の地方の会社がやることはまずありません。実際、そのような会社は一社もありませんでした。しかし、本業が父親の指揮のもとで順調に稼働していることもあり、国内の経営のことはすべて任せることができます。私は思い切って単身ヨーロッパに出かけました。決済や保険、通関を含めた貿易実務については、為替も含めて非常に複雑で多くの知識が必要になりましたが、参考書を読みあさり、取引先の銀行の専門家をつかまえて細かく教えてもらいました。また英語力も改めて鍛え、あいさつ程度のイタリア語やスペイン語、フランス語も頭に入れました。

商社経由で購入した石で気に入ったものがあると、ラベルから原産国や会社名を調べました。そういう会社が何社かピックアップできたところで、現地に連絡を入れ、アポイントを取って訪ねていきました。

ヨーロッパの石材店は、数人規模でやっているような小さな店がほとんどです。彼らは買い手が大きな商社なのか小さな小売店なのか、興味はもっていません。気軽に会ってくれます。売れればOKなのです。実際に品物を見せてもらい、採石現場なども案内してもらいました。ひととおり相手の会社の実情と販売している石材の内容が分かったので購入の際の値段を聞いてみると、これが想像した以上に安いので驚きました。商社経由で買っている値段のざっと半分です。購入量を当初の計画より大幅に増やしてすぐに契約しました。

この金額で手に入るなら輸送や通関がどんなに手間であっても直接買い付けを増やすべきだと思い、その後も渡欧を重ね、輸入量の半分以上は直接買い付けにしました。石材によっては商社が独占的に扱っているものがあるので、これは従来どおりのルートで仕入れるしかありません。しかし、海外との直接取引の拡大は利益率の改善に大きく貢献しました。

見る目を鍛え、売れる石を仕入れる

もう一つ海外買い付けで良かったことは、現地でさまざまな種類の石を見ることで、日本の市場に合いそうな、あるいはこれからはやりそうな石を見る目が養えたことです。海外への買い付けは、顧客から「こういう石が欲しい」と聞いてそれを買いに行くというものではありません。加工・卸業者として、自分の判断で買ってそれを卸す、そのための仕入れです。そもそも欲しいものを聞いてから買いに行ったのでは、納品は2カ月後、3カ月後になってとても需要に応えられません。確かに、あらかじめ売れる保証はありませんから、先走って購入したものが半年、一年と倉庫で眠ってしまったり何年も買い手が付かなかったりしたら、不動在庫になって経営を圧迫します。しかし卸の価値は、小売が欲しいというものを常に、瞬時にそろえて納めるところにあると同時に、小売店から欲しいといわれる前に、小売店が最終のユーザーから「いい品物を教えてくれた」と評価されるようなものを、こちらから提案するところにあります。右から左へただ品物を流す卸であったら、価格競争という消耗戦に巻き込まれるだけです。

読みが当たり、市場が求めるものであれば「まさにこういう石が欲しかった」と入荷と同時に売れ、それが評判になって「どこそこで見たあの石が欲しい」と言われたときにも、すぐに出荷することができました。実際、私の会社しか仕入れていなかった石が人気になり、業界最大手といわれる卸会社からも、その石を分けてもらえないかという問い合わせが来たことがありました。

建築の内外装に使われる石の種類や色、また同じ大理石であっても色合いや模様の違いによって、売れ筋はまったく変わってきます。これからどんな色が流行するのか、デザインの志向はどのようなところに向かうのか、ファッションや化粧品、車のデザインや流行色などにも目を配り、トレンドを予想して買い付けを進めていました。ベージュがはやる時代があり、またピンクや白が流行する時代もありました。昔の大理石はもっぱら重厚感を重視していましたが、時代の流れとともに明るさを求める人が増え、間もなくベージュ系や白がメインになっていきました。

あるとき、スペインでベージュ系の石を見つけて、これは日本でこれから流行するに違いないと直感して大量に買い付けたことがあります。予想どおり商業ビルの内装に次々と採用されるようになりました。建築のデザイナーも流行のものを敏感に取り入れていきます。はやり出すとしばらくはその方向にどんどん向かっていくのが日本の消費市場の特徴で、その石は私の会社だけにあるキラーコンテンツになっていました。

通常、私の会社の規模なら在庫は販売価格にして1億円程度です。しかし私の入社後は、多品種でそれぞれの量も増やし、合わせて4億円から5億円の在庫をもつようにしました。当然買い付け資金が必要ですし、保管倉庫も拡張が必要です。しかしそれだけの用意があれば、さまざまな注文に迅速に応えることができ、卸としての差別化ができます。市場を読んだ的確な仕入れさえできれば、不動在庫を心配する必要はありません。

石材の直接買い付けの拡大と品ぞろえの豊富化は利益率を改善すると同時に、業界の中における私の会社のポジションを明確にするものになっていきました。「あそこに問い合わせれば、トレンドの石だけでなく少し変わった面白い石もある。しかもすぐに注文した大きさで納品してくれる」――というものです。地方の小さな石材加工・卸会社が生き延びるためには、従来の石屋の常識を破る取り組みが必要であり、私の入社が会社に新たな特長をつくることになりました。

「知らない」を強みに業界の常識に挑戦

「なぜ自分で直接買い付けないの?」「なんでそんな面倒くさいことをしているの?」「なぜ機械でやらないの?」。教員経験しかない私の経営参画の第一歩は、業界と経営の素人であることに気後れすることなく、感じたままの疑問をぶつけ、それを一つひとつ解決していくことでした。「この業界はそうなっている」「昔からこのやり方でやってきた」という反論や反発はあったかもしれませんが、既存事業を父である社長が守り、私が新しいことに挑戦するという棲み分けができ、しかも海外からの直接買い付けという私の新しい試みが成功して売上・利益ともに伸び始めていたことから、さらに私も自信をもって動けるようになりました。既存事業を大切にしていた父も、元々「絶えざる自己変革こそ会社の成長の原動力」と考えている人間です。私の試みを認めていましたし、会社の財務にも、多少の余裕はできていました。建築石材は古い業界ですが、それだけに温存された独特の商慣習や営業感覚があります。商社、1次卸、加工メーカー、2次卸、小売店、建設工事会社とつながる固定されたサプライチェーンと、上流ほど強いという力関係、経験や勘が支配的な買い付け、圧倒的な割合を占める手形取引、機械化に反発するベテラン職人の存在など、石材業界に限らず仕事の壁はいくらもありました。

しかし、既存の仕組みや習慣でもおかしいと思ったことは変えるというスタンスは、その後も多くの改革を果たすことにつながりました。建築を知らない、石を知らない、経営も知らない……業界からは「東北に大理石が切れるところなんてあるの？」「経営の経験あるの？」と言われました。いわば劣等感から始まった私の会社経営への参画です。しかし内部からの生え抜きの人間にはない「外からの目」をもっていたことが「絶つ勇気」につながり、成果につながっていきました。

生え抜きの経営者は自分の会社が一歩一歩大きくなってきた歴史を間近に見ています。過去を振り返れば、創業時は本当に大変だった、先代も自分もよくぞここまで頑張ってきたという達成感や満足感も浮かぶはずです。しかしその感慨は、成功体験の心地よさにいつまでも浸ったり、安定を求めて冒険を回避したり、思い込みや常識といわれることに縛りつけられることになりかねません。一方、私にはよりどころとなるような過去の成功はありません。会社の発展のためにやらなければならないことは、まだ山のようにありました。安住しないこと、うまくいったと思うことがあっても引きずらず、常に過去を絶って新しいことに進んでいくこと――絶つことこそが、経営経験がなく実績も乏しい新人経営者としての私の原点だったのです。

第2章

「地盤」を絶つ

建築石材業界初のＩＳＯ取得で競争力をつけ、東京市場に進出

従来の市場に満足していては衰退する

1990年代の半ばから、徐々に実質的な経営の舵取りは私が務め、1996年には社長就任に至りました。私が経営の先頭に立つことになって最初に絶ったのは従来の営業エリアであり地盤です。建築石材事業で生きていくなら、なんとしても建設工事が集中する東京を相手にしなければならないと思ったからです。

地元の野蒜石に松島石の名前を付けて全国に売り、その後は北上の大理石や御影石に主力の商材を切り換え、さらに輸入石材を海外から直接買い付けることで、私の会社は1980年代の後半から少しずつ成長していきました。しかし宮城県の松島に本社を置く地方中小企業であることに変わりはなく、営業圏も地元東北以外は、創業社長の父が足で歩いて広げていった北海道や関西が主力で、建築石材の大消費地である東京での売上は、全体の2割からせいぜい3割程度と非常に小さなものだったのです。しかも東京でこそ大理石などの高級石材も卸したものの、主要な営業圏である地方で卸しているのは蔵や住宅の外構用の安価な石です。受注単位も1件につき10㎡から15㎡という小規模なものでした。ところが東京のオフィスビルや商業施設で受注する石材は1件で200㎡あるいは300㎡という規模で、石種も大理石や御影石といった高級品です。東北の得意先20社すべてから1件ずつ受注しても、東京1件の売上に及びません。

確かに、父が一軒一軒開拓した地方販売網に対する会社としての思い入れは小さなものではありません。従来の得意先との付き合いは長く、気心も知れています。受注量は決して多くはないとはいえ、安定はしています。品質に対する厳しい要求や難しい加工が求められることはなく、多少納期がずれてもクレームになることもなく、そこそこ安定した気持ちのうえでも楽な仕事でした。

しかし、松島石、あるいは軟石の需要が再び拡大することは考えられませんでした。また、地元での建築石材の需要が今後大きくなるとも考えられず、大型商業ビルやホテルが次々と建設される東京市場をターゲットに事業をしなければ、建築石材事業が頭打ちになることは目に見えていました。

長年の付き合いだから、楽だからと従来の営業地盤にとどまったら、会社の成長は絶対にありません。東京メインの営業活動に転じれば従来の地方エリアへのサービスは確実に低下します。「お父さんの時代は良くしてくれたのに」という声が上がるかもしれません。

東京市場が相手になれば営業対応も甘えは一切許されず品ぞろえや出荷体制も大幅に強化しなければなりません。言い訳の許されない厳しい環境のもとで事業を進めることになります。それに現在の会社が対応できるかどうか自信はなく、むしろ不安のほうがはるかに大きかったのですが、過去の市場で楽を続けようとしたら、成長がないどころか会社は衰退するだけだと思い、東京市場への進出を決断しました。

東京市場を掌握する大手卸に挑む

当時、東京の石材市場を獲得していたのは岐阜に拠点を置く大手の石材卸でした。建築関係者以外でも、社名には聞き覚えがあるというくらいの大企業です。

岐阜は周辺の山で大理石が採れたことから国内では早くから石材産業が発達した土地です。加工工場も整備されていました。その後大理石は採れなくなりましたが、日本最大級の石材卸会社をはじめ多くの加工・卸会社がその後も輸入石材を扱って事業を伸ばしていきました。東京のマーケットも岐阜の卸会社が完全に掌握していて、誰も東北の小さな会社に発注しようとはしません。名古屋―東京間は新幹線で約340キロ、仙台―東京間も似たような数字で約350キロです。距離にすればほとんど変わりません。しかしゼネコンと呼ばれる総合建設会社も、その下で石工事を請け負う工事会社も、そこに石材を供給する石材小売会社も、みな岐阜を向いていました。

岐阜の大手に勝たなければ東京市場は開拓できません。しかし業界40位か50位くらいの東北の小さな会社が大手の牙城を簡単に突き崩せるのか……。私は方策は2つあると思いました。1つは建設会社や工事会社に石を販売する東京の石材会社との関係の強化です。まずは岐阜ではなくこちらを向いてもらうことです。

ちょうどよいタイミングで東京の石材各社が二世経営者へのバトンタッチを進めていました。二代目社長は私と同じような30代半ばから40代の前半くらいの年齢です。海外市場や新しい石のトレンドにも関心が高く、私の会社がイタリア、スペインなどからいろいろな石を調達していることにも興味をもってくれました。また、年齢も二代目経営者という立場も共通していることから話が合い、自然発生的に二世会のようなものが出来上がって徐々にメンバーも増え、親睦を深めていきました。

気軽な雑談のなかから、あの石が面白いとか、この石は今後流行するのではなどと話が広がり、今度はこんな石を扱いたいとか、近くこの石を卸しますからぜひ注文してほしいというような営業活動につなげていくことが自然にできるようになっていきました。

あえて在庫をもち加工・卸を迅速に

石材会社との関係強化と並んで私が選んだもう一つの方策は、必要とされる多様な石をどこよりも早くしかも約束した期日どおりに納めるということです。卸が注文を受けた品物を早く、確実に届けるのは当たり前のことです。ところが当時の東京の石材業界ではそうではありませんでした。

そもそも卸と小売の関係が通常とは逆転していて、卸にとって小売店は石を買ってくれる顧客であるのに、卸会社の立場が強いのです。例えば東京の石材小売店が、ゼネコンや石工事店から、この石をいつまでにこの面積で貼らなければいけないので、これだけの石が欲しい、という注文を受けると、小売店は岐阜の卸会社に図面と手土産を持って頭を下げて売ってもらいに行くのです。すると卸会社は「これから海外の産地に発注して手元に来るまでに2カ月、それから加工だから3カ月くらいあればなんとかなるかもしれない。いや、ここのところ工場が混んでいるからもう少しかかるかも」といった返事をします。

注文主の小売店は「それでもいいのでお願いします。納品の目安が見えたら教えてください」といって東京に戻ります。卸会社はノーリスクで、価格も納期も自分の都合で決めることができるのです。私は驚きました。ほかの業界でこんなことをしたら、小売店はすぐ別の卸会社から仕入れることになり、その卸は生き延びていけません。しかし、それが建築石材業界では当たり前になっていました。

その後、工事の進捗に合わせて小売店には建設現場から「○月○日には貼りたいから前日までに納めてほしい」と連絡が入り、小売店は改めて納品日を卸と約束することになります。しかし、取り決めた納品日になっても品物が着かないといったことが日常的に起こっていました。現場から「待っているけれど品物が来ない。どうなっている？」と聞かれて小売店が慌てて卸に問い合わせると「ああ、ちょっと機械の調子が悪くてね」とか「出荷しようと思ったが割れが見つかったから」などといって1日、2日くらいは平気で遅れるのです。現場はたまったものではありません。工程を組んで職人まで手配し、石の到着を今か今かと待っているのです。結局、予定した仕事はできずに工期は遅れて工程の組み直しになり、しかも職人を集めて拘束した以上、賃金の支払いも発生します。大損害なのです。しかし、そういうことはいくらでもあり、完全に売り手優位、卸優位になっていました。

どう考えてもこれは変です。お金を払って買ってくれるのは石材の小売店です。ところが欲しい石材をそろえるには大手卸に頼み込むしかなく、一方、卸会社には黙っていても全国から次々と注文が入るという状況であったことから競争原理がまったく働かず、この逆転を生んでいました。この逆転現象さえ正常に戻せば東京の注文は取れます。しかし、それは地方の中小企業にとって簡単なことではありません。

第一に東京で最先端の内外装デザインを満足させる多品種の高級大理石や御影石を、しかも十分な量で手元にストックしておかなければなりません。さらに注文を受けたら、指定された寸法にすばやく加工し、約束した納期内に確実に納めなければなりません。それだけの工場の生産体制が必要です。一度でも納期の遅れが生じたら「大手と変わらないなら今までどおりの大手が安心」「やっぱり地方の小さな会社ではだめ」と烙印《らくいん》を押され、二度とチャンスは巡ってきません。

私は海外での買い付けを強化することにしました。これは私がノウハウを蓄積しています。従来以上に多品種の大理石や御影石を十分な量で契約し、新たに大きな倉庫を確保してさまざまな種類の石を大量にストックしました。ただし買うのは簡単ですが、これはギャンブルです。大手卸のように注文をもらって買い付けるわけではないので、売れる確証はなく、購入量も多いことから万一売れ残ればすぐに会社の財務に響きます。銀行は警戒心を強め、資金融資を受けるのにも影響が出ます。大きな経営問題に発展する可能性もあるのです。こんなことなら、従来の営業圏で安全操業をしていればよかったということになりかねません。

短納期での納品も口で言うほど簡単ではありません。重い石材を扱う仕事は元々重労働です。しかも、私の入社以来、工場の効率向上にはいろいろな手を打ってきたとはいえ、今までにないスピードと量で注文をさばかなければならないという状況に、長くぬるま湯で働いていた従業員が付いてきてくれるかどうかも石材の売れ行き以上に大きな懸念でした。しかし、やらなければ市場に置いていかれ、松島石とともに沈むしかないのです。

1週間後に納品という約束をしたら絶対に守りました。私が導入した電動ポリッシャーなどの最新の機械工具や工場の効率向上のさまざまな取り組みも役に立ちました。しかし、折からのバブル景気もあり、注文はさばけないほどあって、毎日のように残業になりました。従業員には顧客との約束が最優先であり、それは私の会社がこの業界で生き残っていく唯一の武器なのだと伝えて、どんなことがあっても納期を守ろうと叱咤《しった》しました。あるときは工場の出口に立って、まだ仕事が終わっていないのに帰ろうとする従業員一人ひとりに声をかけ、どうしても納品する必要があるのでなんとか頑張ってくれと説得に回りました。今ならブラック企業と言われてしまいます。

従業員の協力もあり、私の会社なら短納期で約束した納期も必ず守られる、石材の種類も多いと、東京の石材小売店の間で少しずつ評判になっていきました。大手の卸に頭など下げなくても、私の会社に注文すればどんな石でもあり、加工・納品も早い、納期は絶対に守ってくれるから工事スケジュールに穴が開くことはないと、評価はうなぎ上りになっていったのです。建築石材卸、というビジネスの形は変えていません。しかし、地元や旧営業圏への思いを絶ち、東京で受け入れられる卸であるために何が必要かと考えた結果、豊富な品ぞろえと確実に守られる納期という当時の大手卸になかったものを見つけました。それを実行できたからこそ、私の会社は東京の市場を大きく開拓することに成功したのです。

ISO9002を業界に先がけ取得

さらに石材業界の常識を絶って私が取り組んだことがあります。それはISO9002

（品質管理）の認証取得です。

いかに納期厳守が魅力といっても、名前も聞いたことのない、しかも地方の小さな会社が卸す製品で本当に大丈夫なのか、という声は確かにありました。当然です。東京の建設工事は大手・準大手のゼネコンが施工者になっているものが少なくありません。品質管理は非常に厳重であり、工事を管理するゼネコンやデベロッパー（開発会社）から「その会社から調達して大丈夫か」というチェックが入るのです。

納める石材の品質については私が現地で買い付けることも多く自信がありましたが、それだけでは納品先の納得は得られません。そこで検討したのが、社内の自主的な品質管理制度に加えて、国際的な品質管理規格であるＩＳＯ（国際標準化機構）９００２を取得することでした（ＩＳＯ９０００シリーズ「品質マネジメントシステム」に関する国際規格。２０００年に９００１に統合）。「ゼネコンや大手の建築部材製造工場ならともかく、うちのような地方の小さな会社に本当に取れますか？　そもそも必要ですか？」という声が社内から上がりました。実際、建築石材会社の認証取得例は業界大手を含めてゼロだったのです。しかも取得には１０００万円をはるかに超える費用が必要になります。さらにＩＳＯ認証は１回取れば永久のライセンスになるものではありません。取得後も毎年の定期審査、3年ごとの更新審査があります。業務上の負担は小さなものではありません。

しかし、この規格の認証を得ることは地盤を絶って東京に出る地方中小企業にとって重要でした。ISO9000シリーズは「製品やサービスの品質」そのものを見るものではありません。品質保証体制がどうなっているかを見るもので、顧客が安心できる品質を企業内の担当部署や担当者が代わっても、常に提供できる仕組みを標準的なものとして備えているかどうかを見るものであり、さらに継続審査でそれが維持できているかどうかも確認して認証するものです。初めて私の会社と取引をする会社にとって、大きな安心材料になることは間違いありません。私の会社が大手の老舗卸会社に勝つために欠かせない武器になると思いました。

1998年に専門のコンサルタント会社に相談しました。コンサルタント会社もその先の審査機関も、当然ながら石材業界での経験はないということでしたが、社内に8人でプロジェクトチームを立ち上げ、製造工程などを細かく振り返りながら品質管理と保証のためのマネジメントシステムを一からつくり上げていきました。そして予備審査と本審査を経て建築石材業界として初となる認証取得を実現しました。

業界初となるISO9002の取得は、専門誌や地元のマスコミでも大きく取り上げられました。東京市場へのさらなる進出の大きな力となったことはいうまでもありません。「地方の小さな会社のようだがＩＳＯまで取っている。安心していい」という声が聞こえてきたからです。取得に掛けた費用は最終的に約１５００万円に上り、認証取得までに10カ月の月日を要しましたが、それだけの価値はありました。実際、２００１年に開業した東京ディズニーシー内のホテルの石材供給をすべて私の会社が担当することになったのも、石材加工の高度な技術や設備だけでなく会社としての信用が高まっていたからだと思います。

ISO取得を契機に組織を再編

ＩＳＯの取得は対外的な信用拡大だけでなく社内に向けても大きな価値のあるものとなりました。

元々創業社長のもとでつくられてきたのは、トップに社長が座り、その下に多様な年齢の従業員がフラットに横並びになるという「鍋蓋型」の組織です。中間管理職は存在せず、組織がピラミッド型になっていないのです。組織を運営するうえでは、非常にやりにくい形でした。従業員数が20人、30人程度の小規模な会社ならトップの目が全員に届くことから、号令一下全体を動かすことができ、万一落ちこぼれそうになるメンバーがいても社長の目に留まり、社長が自らコミュニケーションを取って引き上げることができます。しかし、業績の拡大とともに設備の増強や人員の増強、営業部門の強化などを急速に進めていた私の会社が「鍋蓋型」のままでは運営に支障を来すことは目に見えていました。

その矢先に取り組んだISO取得のプロジェクトは、元々社内にマネジメントシステムを定着させるという仕事です。単なるマニュアルづくりではありませんでした。私は対社内的には組織再編・組織づくりの一環として意味があると考えていました。たとえて言えば、大将と兵隊だけの組織に、下士官ができると思ったのです。

ISOはすべてがそうですが、有効なシステムをつくって動かし続けることが求められます。単に作業マニュアルや運営図をつくるだけではまったく足りず、それを誰がどのように運用して実効性のあるものにしていくか、というところまで突き詰めなければなりません。命令系統が必要なのです。新たなシステムをつくるためプロジェクトチームには常に組織全体を俯瞰《ふかん》し、高い視座でものを考えることが求められました。また、できあがったマネジメントシステムを運用することによって、誰がどの段階で何をチェックし、誰にフィードバックするかというルールに則った組織的な動きも始まりました。こうしてISO取得のプロジェクトは階層を備えた新たな組織と、中間管理職として活躍できる人材を育て、決められたルールに沿って組織を運営するという経験を社内で積んでいくきっかけになりました。

東京市場に進出

卸としての東京市場への進出は大きな成果を挙げました。私が入社してからの10年ほどで、売上はおよそ10倍に拡大、従業員数も年々増えて当初の5倍の80人ほどになり、売上は東北・北海道地区でトップ、全国でも10本の指に入るまでに成長しました。

成功の確証はなく、まったく手探りだったのですが、卸としての東京市場への進出は正解でした。しかし間もなくバブル崩壊を迎えて日本経済は後退局面を迎えます。建設業界は竣工の2年前、3年前に契約をするので、景気が落ち込んでも契約した工事が残っている間は仕事があり収入もあるという状態で、景気の影響は他の産業よりは遅れて出てきます。しかしながら、2000年代に入って間もなく、建設業界は急速に冷え込みはじめました。

私の会社が石材を卸していた東京の小売会社も苦境に立たされました。そのため卸す石材の量は激減し価格も下がっていきました。そこで考えたのは、卸からさらに川下の石工事を直接受注することでした。もちろん、私の会社が卸している小売店やその先の石工事店が受注する既存のルートには触れないようにして、彼らが受注していない工事を直接ゼネコンから受注するようにしたのです。そうすることで従来の卸のルートでは減少する一方の石材の売上を、自ら工事を受注し、そこに手持ちの石材を使うことにして補うことを考えました。東京に建築工事事業部を開設し、卸だけでなく自ら建築石材工事事業を東京で始めたのです。工事事業部開設以前、私の会社は売上の8割が卸で残りの2割が石工事でした。しかし東京で石工事を始め、それを少しずつ伸ばして石材の売上減を補っていくなかで、建築石材事業での卸と工事の比率は5割ずつと変化しています。

実は建築における石工事は、工程の最後のこともあり、また建物の基本的な構造や耐震性・耐久性などに関わるものではないことから、予算面でも冷遇されがちです。基礎や鉄骨の予算を削ることはできませんが、建築の仕上げである石工事は予算がなければないでよいという世界なのです。工事全体を管理するゼネコンから「予算がないからこの範囲でやってくれ」と言われれば石工事部門は従うしかありません。石材の卸も「今回は予算が削られてこれしか払えないから、この範囲で収めてくれ」と言われてしまいます。「それでは赤字です。無理です」とは言えません。言えば「それならほかで調達する」「石はやめてタイルでもいい」と言われてしまうからです。石材の加工や卸は、自分で仕入れて建築に使えるように加工した石材であっても自分で値段を付けることができません。付けても意味がないのです。建築石材の加工や卸に価格決定権はないに等しいのです。

建設業界全体が好況のときはさばききれないほどの注文がありますから、価格が自分で決められないという構造があっても、売上は量がカバーしてくれます。しかし、毎年前年比で2割も市場が縮小していく建設不況のなかでは、石材の卸はその荒波をもろにかぶるしかありません。その意味では、卸8割の事業から、建築石材工事の割合を増やしていったことが、縮小せざるを得ない売上のなかでも利益率を高め、手元にキャッシュを残すことにつながりました。工事から受ければ契約相手はゼネコンです。少しでも多くの工事費と材料費を確保する交渉を自分ですることができます。石工事店から予算がこれしか取れていないからこの範囲でと頼み込まれ、それに渋々従うということがなくなります。東京における建築工事事業部の設立と石工事の直接の受注は、卸をメインにした会社の事業の縮小を補うものになりました。

従来の地盤を絶ち、思い切って東京市場を相手にしたことが、営業や仕入れ、在庫管理、加工、販売の事業全体を大きく革新し、売上を一気に拡大させました。また、ＩＳＯ９００２取得による社会的信用の拡大と組織の強化を実現、さらには卸から石工事への事業の拡大を実現することにつながり、建設不況のなかでもたくましく生き延びていく会社にすることができました。

宮城にとどまり、従来の地盤を営業エリアとして松島石などの外構用石材中心の加工・卸業を続けていたら、私の会社は小さな地方企業の一つとしてやがて事業を終えたのではないかと思います。実際、松島石を中心に同様の事業をしていた20社以上の地元の会社は、私の会社を除いてすべて廃業しました。あえて創業時代からの地盤を絶って東京に出ることを決断し、そのために必要なことは何かと考え実行したことが会社の成長につながったのです。

第3章

「祖業」を絶つ

建築石材事業から墓石加工販売事業に軸足をシフトし、一気に業界首位に

祖業へのこだわりを絶つ

経営のなかで私が2番目に絶ったのは、祖業である建築石材業へのこだわり、あるいは執着です。加工・卸として積み重ねたノウハウがあり、東京では卸の一歩先の工事業にも進出、安定した顧客も存在し、信頼関係もできていました。私の会社の基幹事業であることは明らかです。父親の創業から約40年、卸にせよ工事にせよ、建築石材一本でやってきた会社でした。これを捨ててしまうことは考えられません。祖業は守りたい。しかし、だからといって経営者の私が祖業以外は視野に入らない、関心も持たず勉強もしないということになってしまったら会社の成長はありません。

石材に関わる事業者の理想型は、原石から現場の施工まで、すべてを担うことだといわれます。自ら採石するか買い入れるかは別にしても、まず原石を入手し、それを切断して板にし、さらにさまざまな寸法に加工して、最後は現場で張りあげるところまでやる、これが石材事業者の夢です。私の会社も加工・卸が事業の中心ですが、一部買い入れや工事にも携わり、私の頭の中には総合石材事業へという石屋なら誰でも考える漠然としたゴールへの思いがありました。実際、その方向を目指すという選択もあったと思います。会社のこれまでの歩みや石屋としてのプライド、やりがいを思えばそうです。しかも建築石材業は父の始めた祖業であり、父は安定と拡大に心血を注いでいました。その姿は間近で見てよく知っています。一枚でも多く注文を取ろうと、松島の田舎から安い夜行列車を使って、関西、九州まで一人で出かけていました。父の始めた事業を私がバトンを受け継いで完成させる――親子二代の理想的な取り組みです。

しかし私はそのプライドやこだわりを絶ちました。総合石材業になれば私の満足にはつながるかもしれませんが、総合石材業という遠い夢だけを見て、それ以外はそもそも検討の範囲外としてしまったら会社の安定や継続的な成長の道は拓けないと思ったのです。

しかも、建築石材事業は非常に景気変動の波を受けやすい業種です。東京市場に入り込むことで会社の売上・利益は大きく拡大していましたが、建設市場はバブルの崩壊で一気に縮小しようとしていました。また良い時は来るかもしれませんが変動の波が大き過ぎます。私は建築石材事業一本で立つことの危うさをひしひしと感じていました。幸い、父の後を受け継ぎ私とともにこの事業に懸命に取り組んできた従業員のおかげで、私が細かい指示をしなくても、事業を継続していく体制は整っていました。安心して任せることができます。そうであればなおさら、経営のトップとしての私の役割は「祖業だから」「二代目だから」と視野を限定することではなく、むしろ建設業界から離れてものを見ることではないかと思いました。その結果、建築石材業とまったく違う事業を始めることになるかもしれないし、そちらのほうが大きくなるかもしれない、それでもよいと思いました。もし父が生きていたらこの私の決意をどう思うか、考えなかったことはありません。しかし大切なのは私のプライドのために総合石材事業者になることでも、親子2代の物語をきれいに仕上げることでもありません。父が起こした会社を健全に成長させ、すでに80人以上を数える従業員とその家族を支えていくことこそ私の役割だと考えていました。そのためには祖業にとらわれないという決断が必要でした。

景気に翻弄される建築石材事業

実際、建設業界は外的な要因で激しく動く独特の世界であり、そのサプライチェーンのごく一部を担う事業者はどんなに経営努力を重ねても景気変動の前に立ち往生せざるを得ない場面に遭遇してしまうのです。しかも、日本はそれが顕著に表れます。地震や台風など自然災害にたびたび襲われる日本は、建築を短いサイクルで考える国民性があります。一度建てたら200年、300年はもちろん存在し、内部に手を入れながら何世代にもわたって受け継いでいくのが当たり前のヨーロッパの国々とは異なります。日本の建築は使う人間の意識の面で、すでに短命です。しかも、それも一つの背景にして、景気刺激策として利用されるということが、特に復興が急がれた戦後の日本では繰り返されてきました。景気を刺激するために「スクラップ&ビルド」は歓迎され、修理やリフォームにはお金は出なくても新築にはさまざまな支援や優遇策が用意されます。建設市場は政策的に動かされるものになっており、非常に日本的な特色のある市場なのです。

私の会社は松島石などの軟石の扱いで事業を始め、その後大理石を中心とした建築石材の輸入や加工・卸事業で会社は大きく成長しました。しかし建設業界は好景気になれば投資が大きく進んで工事ラッシュとなり、逆に景気後退の局面では、建設投資は一気に縮小するということを繰り返してきました。巨額の投資ですから、先行きに少しでも不安な要素が見えれば誰もが「しばらく様子を見よう」と先送りすることになるからです。特にここ30年近くは、一貫して低迷しています。景気刺激のためにお金をつぎ込みたくても今は国にお金がありません。

日本の建設投資の推移

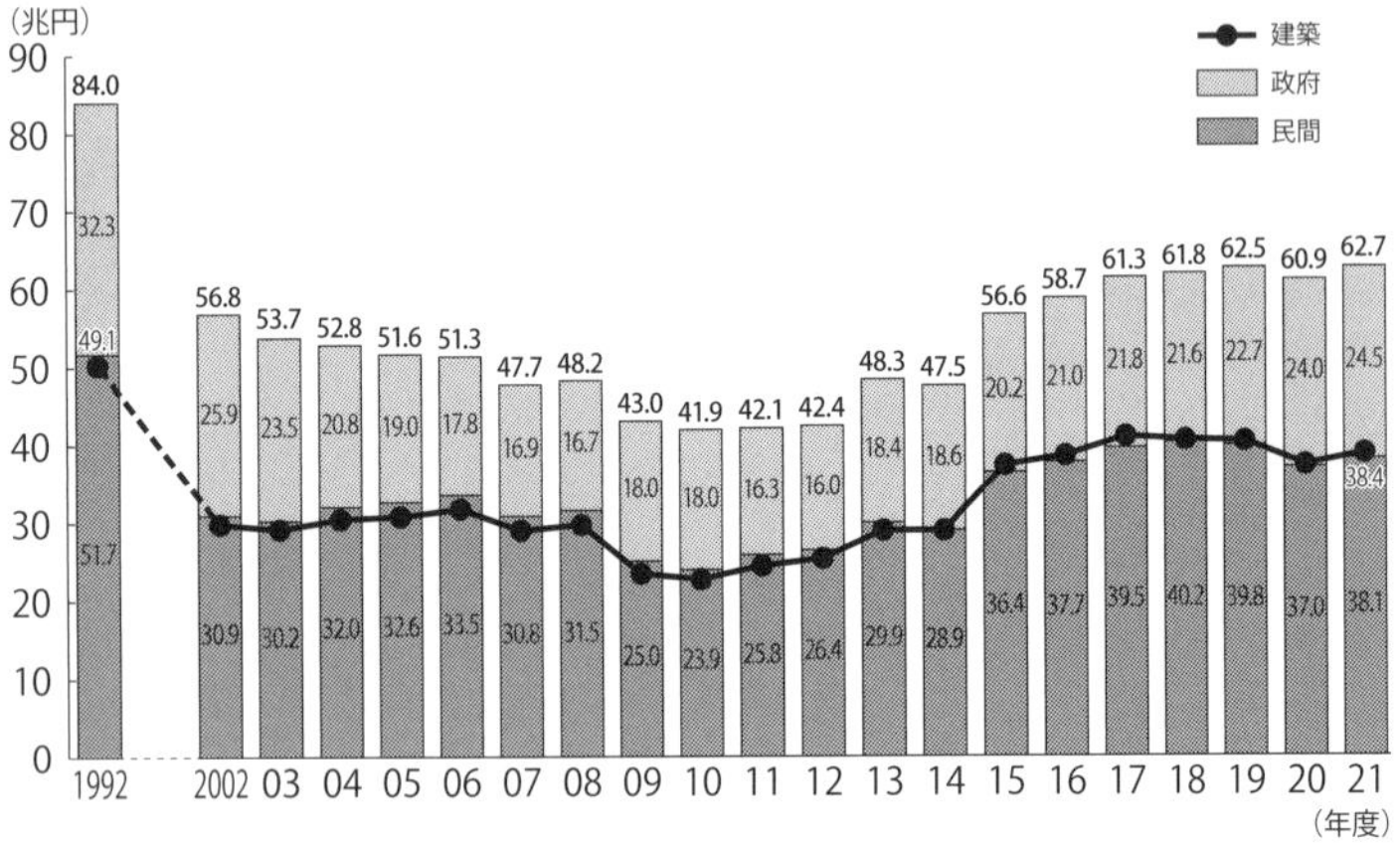

出典：一般社団法人日本建設業連合会「建設業ハンドブック　2021」

事実、日本の建設投資は1992年度に過去最大の84兆円を記録して以降、バブル経済の崩壊とともに下降を続けました（国土交通省「建設投資の推移」）。1999年には68・5兆円まで縮小、1997年には山一證券と北海道拓殖銀行の経営破綻、翌1998年には、日本長期信用銀行と日本債券信用銀行が一時国有化されるなど、金融不安は続き、不良債権は年々増加する一方でした。建設投資が早期に回復するとは到底考えられない状況で、実際その後も建設投資の縮小は続き、2010年度は41・9兆円と、ピーク時の半分にまで減ってしまったのです。1999年当時、私の会社の売上は8割が建築関係でした。建設需要の回復が当面見込めないなかで、建設業界のみに足を置く〝建設一本足状態〟では早晩行き詰まってしまうと私は危機感を募らせていました。

「これでやってきた」ということは事実にしても、それが「これしかない」という消極的な意識につながれば、発展の道を自ら閉ざすことになるのです。

建築石材事業と墓石小売業の違い

ちょうどその時、1998年頃のことですが、知り合いの紹介で墓石の卸会社から墓石の販売店にならないかと声が掛かりました。その卸会社では当時、石を卸している先の墓石小売業者が昔ながらのどんぶり勘定で商売がうまくいかないので、もう少しきちんと付き合ってくれて安心して任せられる販売店を探しているというのです。

しかし二つ返事で引き受けるということはありませんでした。同じ石を扱う事業ですから、既存事業の延長で入りやすいと思われがちですが、建築石材と墓石では商品や加工技術、市場はまったく異なります。当時も今も、建築石材と墓石を一つの会社で一緒にやっているところはありません。

建築石材と墓石は対照的な存在

	建築石材	墓石
寸法単位	ミリ、センチ	尺、寸
取扱単位	面積（㎡）	体積（尺^3）
石種の自由度	高い	低い
事業形態	B to B	B to C
最終購入者	法人	個人
メンテナンス	なし	あり
業界団体	全国建築石材工業会	日本石材産業協会

まず単位が違います。墓石は尺寸ですが、建築石材はミリやセンチ単位です。墓石は体積で建築石材は面積、墓石の顧客は個人でB to Cの事業ですが建築石材は法人相手でB to Bの事業です。当然、墓石業は土日が忙しくなり、建築石材業は土日は基本的に休みです。また建築石材は石工事店に石を卸したら事業はそれで完了しますが、個人相手の墓石販売は購入客との関係が長く続きます。まったく別業種というほど異なるのです。建築石材しか知らない従業員に墓石事業への参入計画を考えてほしいといっても混乱するのは目に見えていました。バブル経済時代の建設好況期にそれなりの内部留保もできて新規事業に乗り出す一定の資金はありましたが、あまりにも違う世界だと思って一度は断りました。

良い印象がなかった墓石

実は創業社長である父も墓石に手を出したことがありました。

1978年、私がまだ大学の教育学部で勉強をしていた頃です。イラン革命の勃発と石油輸出国機構（OPEC）による原油価格の値上げを受けて石油の需給が逼迫、1973年に続く第二次オイルショックが発生しました。第一次オイルショックに端を発した景気の低迷にさらに拍車がかかり、日本は右肩上がりを続けてきた戦後の高度経済成長後の長い低迷期を迎えていました。建設不況も深刻で、建築石材の加工・卸会社であった父の会社も、どんなに営業努力をしても現状維持が精いっぱいという状況になり、父は工場を稼働させるため、墓石の生産に手を出しました。ところがこれがうまくいかなかったのです。「建築石材という板状の製品製作と違って経験が足りないから大変な苦労を伴った。それでも仕上がりの結果が良ければ問題はなかったが、どうしても専門の産地から出る製品より粗悪になる。それを無理して販売するから代金回収が滞る。それやこれやで不渡りや回収不能が続出して、裁判などで解決したり、欠損計上を余儀なくされたりするのも、この時期が最も多かった」と振り返っています。その話を耳にしていたので、墓石にはあまり良い印象がなかったのです。

しかし、1年後にもう一度誘われて心が動きました。その時は建築石材の売上上昇が見込めなくなっていたこともあり、何か手を打たなければだめだという危機意識がさらに高まっていたからです。

BtoBからBtoCの世界へ

景気に翻弄される建設業界から離れることができるということに加えて、もう一つ私に墓石業をやってみようと思わせたのは、墓石業がBtoCの事業であることでした。父の代からの建築石材業はBtoBの事業であったため、エンドユーザーが個人となるBtoCの事業がどんなものか非常に興味があったのです。

建築石材事業は、建設業界という大きなピラミッドの最下層です。ピラミッドのいちばん上にはデベロッパーやゼネコンがいて、事業企画が立てられ、設計案ができ、そこから工事が始まります。まず基礎や骨格がつくられ、その後床や壁や開口部ができ、電気や照明、給排水、空調、防火設備などが取り付けられ、最後のお化粧として石材を使った内外装の仕上げ工事が行われます。工事の順番でも、建築を成り立たせる重要度からいっても建築石材は最後です。「今度の事業の総予算はこれ」と決めれば、あとは上から順番に価格が決まっていきます。ＢtoＢの世界にいてそのサプライチェーンのなかのどこかに位置する限り、自分が扱う商品に対して価格の決定権をもつことはなかなか難しく、それはＢtoＢの世界の宿命です。そのなかで、私の会社は卸としての独自性をなんとか築きあげて、事業を成長させてきました。

その意味でも私は建築石材事業を離れ、ＢtoＣの世界で挑戦したいと考えていました。直接最終の消費者と向き合い、自分で顧客が求める製品を工夫し、その価値にふさわしいと思う価格を決めて販売するＢtoＣの事業がしたいと思っていたのです。

墓石の小売業はＢtoＣです。建設に比べれば規模は小さな市場ですが、墓石販売は小さいながらもピラミッドの頂点です。価格決定権のあるピラミッドの上位に立てるのです。しかも求められているのは墓石そのものの生産ではなく、文字を彫ったり石の組み方をデザインしたりする最終加工と販売です。この領域なら私ならではのアイデアも出せるのではないかと思いました。ただし失敗する可能性もあります。その時でも自分のなかで責任が取れるように、従業員任せにするのではなく、自分が先頭に立って取り組まなければならないと考えました。幸い、建築石材のほうは私がつきっきりで指揮を執る必要はなくなっていいます。そしてどうせやるなら従来の墓石販売とは異なるやり方で新しい市場をつくるつもりで取り組んでみようと思いました。

墓石販売事業の実態

墓石の卸業者の誘いに応えて新たに墓石販売事業を始めるに当たって、まずは墓石がどのような流通経路で売れているのか、実態を知ろうと思いました。卸業者にも案内を請い、小売店がどのような商売をしているのかを調べたのです。

分かったのは墓石の小売店は、お寺に密着し、お寺からの紹介で販売をしているということでした。お寺はどの地方・地域でも何百年という歴史がある存在ですが、墓石店はそのお寺のすぐそばで、こちらも100年、200年と代々営業を続けているところがほとんどでした。関係は親密で、お寺の住職と墓石店の社長が先祖代々の付き合いで仲がいいとか、子ども同士も学校の同級生といったケースも少なくありません。大概の墓石店が参

従来の墓石販売

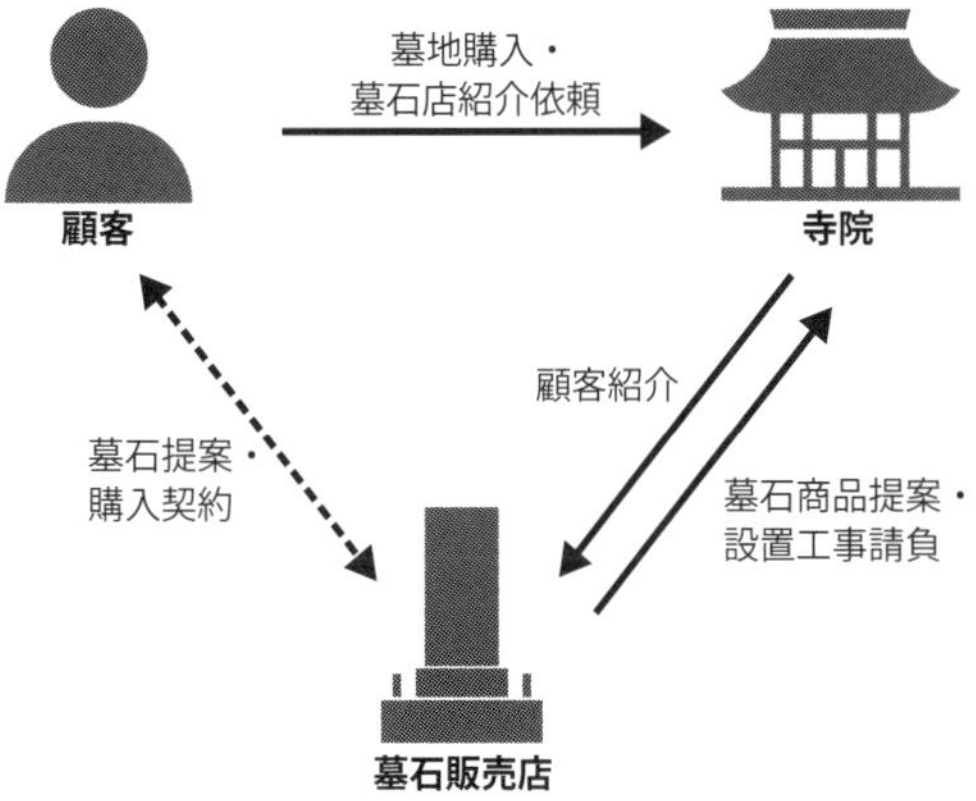

道の一角とか、お寺のすぐ近所に店を構え、お寺から顧客（新たにお墓をつくるエンドユーザー）を紹介されて商売をしていました。顧客は「ご住職の紹介で来ました」とお寺の帰り道に店を訪ね、そこで今度この広さの墓地にお墓を建てたいので、と相談します。墓石店では、お店の外や土間の一角に、実物を一基か二基、サンプルとして置いて、ほとんどバリエーションもなく、顧客は大きさと色（黒か白か）、さらに石の格のようなもので何種類かに分けられたものから、金額とも相談しながら一つを選び、あとは彫る文字の確認をして、それで注文が終わります。あれこれと墓石の選択に悩むほど種類はなく、顧客は「そう

いうものなのだろう」とさして疑問ももたずに店を出ることになります。結局、墓石店が直接物を売る相手はエンドユーザーですが、お寺との関係ができた時点で営業は終わっています。お寺の指定墓石店になっているというケースもあります。こうなるとB to Cに見えて、事実上はお寺相手のB to B事業といってもいいのです。これが私が参入しようとした墓石販売事業の実態でした。

国道沿いに一般向け屋内展示場を建設

参入にあたって私がまず考えたのが、お寺の横の墓石店のそばに店を構えても、顧客を獲得することはできないということでした。お寺に頼み込んだところで、お寺からのルートは既存の墓石店ががっちりと押さえています。そもそも墓石販売の本当の顧客は、顧客を回してくれるお寺ではなく、実際に墓石を買って建てるエンドユーザーです。このエンドユーザーに直接販売しようと思いました。

ヒントになったのは小売業界で「アスクル」の名で文具のカタログ販売を始めたプラスの取り組みでした。

大量の文具を段ボール箱の単位で代理店網に乗せて、大手企業の総務などに販売するコクヨと同じことをしても勝ち目はないとみたプラスは、街の文具店に事務員がボールペンを1本2本と買い物に行く中小企業に着目し、ここにカタログを送って、ファクスで注文を受け、翌日に届けるという商売を始めたのです。コクヨが代理店相手のBtoBの事業をしていたのに対して、プラスは中小企業の総務課相手に、いわばBtoCの事業を始めたのです。自分たちの本来の顧客は大企業に出入りする事務機器サービス店ではなくて、実際に文房具を使っているユーザーだと考えたからです。この新たなビジネスモデルが支持され、プラスは文房具販売という伝統的な成熟産業に、販売する商品は従来とまったく同じでありながら、新たな市場を開拓しました。同じように真の顧客向けに直接商売をする——BtoCで墓石を売る、というのが新規参入する私の事業コンセプトでした。

その頃に社員に話したフレーズは、我々がとらえる新しい墓石業界は、「真の顧客は一般ユーザーで、お寺はパートナーである」というものでした。

幅広い一般のユーザー相手となれば、そうしたユーザーが多くてもお盆や彼岸など年2、3回だけ墓参りに行く程度のお寺のそばに店を構えても意味はありません。むしろスーパーマーケットの隣とか、駅のそばとか、生活圏のなかや生活道路沿いの人が大勢集まる

新たな墓石販売

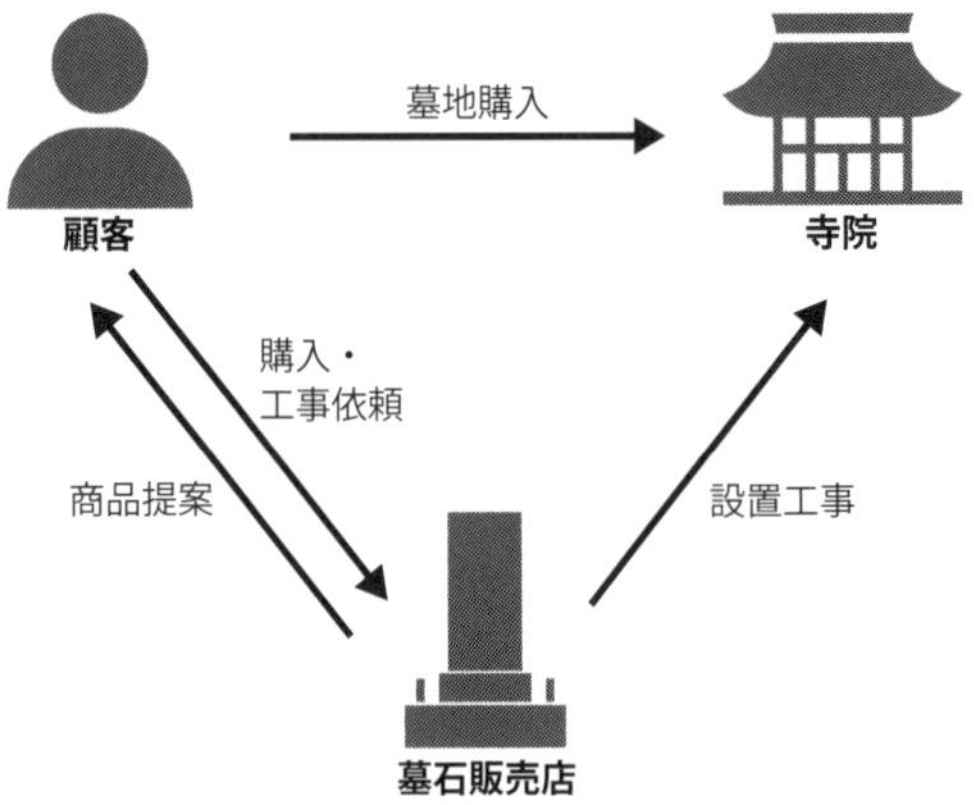

ところに出店すべきだと思いました。

さらに店舗は、屋内で展示販売するショールーム方式にすることを考えました。従来のお寺のそばの墓石店や街の石材店は、店舗の敷地内の屋外で墓石を展示していました。仮に屋内であっても、せいぜいガレージや倉庫の片隅です。冷暖房もなく、照明も粗末でゆっくり商品を見て選ぶ場所ではありません。

しかしBtoCでエンドユーザーに直接売るなら、自動車メーカーのショールームやキッチン・水まわりメーカーのショールーム並みに、ガラス張りで明るくてきれいな場所でなければ売れないと思いました。当時、屋内ショールームで墓石を売る店は、私が調べた限り全国でもほとんどありませんでしたが、ぜひ屋内型に挑戦しようと思ったのです。

もちろん墓石は重量があるので、展示品の入れ替えはクレーンを使わなければできません。自動車は自走できますし、キッチンセットはそれほど重量がないので、入れ替えは簡単ですが、墓石は同じようにはいかないのです。しかしそれもあらかじめ搬入・搬出の計画を織り込んで建物を用意すれば解決できると思いました。ショールーム1店舗を開設するのに土地代込みで当時は約2億円が必要だと分かりましたが、とにかく店舗を構えようと不動産仲介業者に依頼して土地探しを始めました。

間もなく東北自動車道のインターチェンジに近く、さらに東北の大動脈である国道4号線と主要生活道路の交差点のすぐ脇のやや高台になったところに格好の土地を見つけました。ここに今までにない斬新な総ガラス張りのショールームを建設すれば、周囲に建物はなくどこからでもショールームの姿が目に入ります。周辺の交通量の多さも大きな魅力でした。黙っていても、多くのドライバーや同乗する家族に、新店舗の存在を知ってもらうことができます。すぐに購入の手続きを取り、新店舗設計とともに店内レイアウトの検討を進めました。

顧客ニーズに応え自由にデザインできる墓石

店内は20基以上のさまざまなタイプの墓石をゆっくり歩きながら選べるようにしました。元々が石屋ですから、石材の種類には詳しいのです。御影石の黒は墓石として最もよく見るものです。東北地方でも黒が主流でした。しかし西のほうには明るいグレーの御影石も多いことから、両方をそろえるのはもちろん、それまでほとんど例のない赤やピンクの御影石を使ったものを展示しました。さらに大きさや豪華さにバリエーションを持たせただけでなく、横長をはじめとするさまざまなデザインの墓石や、供物台、花台などもいろいろな種類を用意して「わが家らしい」ものを選択できるようにしました。

墓参りに行くと同じ縦長の同じ色のものがずらりと並んでいてどれが自分の家のお墓かよく分からないという経験をした人も多いでしょうが、お隣とまったく同じというのはどうかとも思います。しかしこれまでは多くのデザインバリエーションから選ぶということはできませんでした。それは販売する側がそうした墓石のデザインを開発してこなかったからです。黒か白か、デラックスかスタンダードか、その程度のバリエーションにとどめ、売りやすく利益率を確保しやすいという販売サイドの都合で楽をしてきたのです。しかし、選べるなら選びたいとか、個性的なものにしたいとかいったニーズは確実にありました。西洋風の横長の石に気に入った文字を彫ったものが少しずつ出てきていたのもその表れです。BtoCで販売する以上、ニーズに応え、さらに自由にデザインするというニーズを掘り起こし、オーダーメイドで注文するのが当たり前という市場を育てることが、今後の事業の成長につながると思っていました。

自ら新しい市場をつくるということには、大きな魅力があります。ライバルはいません。価格競争はなく、価格の決定権は自社にあります。仮に他社が追い掛けてくるにしても、すぐには参入できません。その時間差は、自社がさらに一歩先に進むために使えます。墓石のBtoC販売はまさにブルーオーシャンの獲得につながりました。

接客と販売方法の工夫で個人客の心をつかむ

ショールーム内部も、明るく見やすいことを心掛けました。目立つところではありませんが、一部には思い切って紅白の幕も使いました。墓石販売に紅白の幕は似合わないと考える人は少なくありません。使うなら白黒の幕だと、誰もが考えます。家族の物故直後は悲しみがとても大きく、故人を偲んで思わず涙を流すこともあります。しかし、葬儀を済ませ、お骨もしばらくの間は身近において過ごした遺族が、いよいよ納骨しようというときは、故人と別れた当初の悲しみも癒え、ある程度気持ちの整理も付いています。お墓をつくるというのは、故人との新しい関係の始まりともいえます。お骨はお墓に納め、生きている人は現実社会に復帰していくタイミングが必要です。涙をぬぐって改めて前を向き、日常を取り戻し、故人に逢いたくなったらお墓に出向いてそこで心ゆくまで話をするという、今までとは違う少し距離をおいた付き合いです。その始まりがお墓づくりともいえ、その意味では新しい出発のための前向きな一歩ともいえるのです。悲しみに暮れながらすることではありません。だからこそショールームは明るく、一部には躊躇《ちゅうちょ》なく紅白の幕も使いました。

接客に当たるメンバーにもお墓づくり、墓石選びとは何のためのものなのかという話をして、顧客とどのようなコミュニケーションを取っていくべきか打ち合わせを重ねました。

BtoBとBtoCでは接客がまったく異なります。ビジネスで店頭を訪れる人は取引先やその関係者に限られ、いわばすべて身内です。それ以外の人が来ることはありません。用事があるから来るので、それに応えればそれで応対は終わります。関係のある人間以外は、机から顔を上げてのあいさつも必要としません。ところが個人で店頭を訪ねてくるのは、全員が初めての訪問で基本的に見ず知らずの人であり、用件も定かではありません。情報を得るために少し見てみたいだけなのか、購入の意思が固まっているのか、その中間で、もし気に入ったものがあったら購入してもよいというくらいの構えなのか——それは接客をしてみなければ分かりません。会話のなかからその温度感や要望を感じ取り、それに応じてその日のゴールを探りながらの案内になります。店舗にいるスタッフは全員が来店者に気分良くなってもらえるように、あいさつも含めて接客の心得が必要です。

BtoBの経験しかない人間には、こうした柔軟な対応はできません。新たに開く店舗には女性も接客に起用し、また銀行から転職して入社した人、専門学校で設計の勉強をしていた若手など、従来の工場勤務の従業員とはまったく異なるメンバーを集め、そこに私も加わって5人で顧客のいろいろなケースごとの対応も検討しながら運営していきました。私自身も週に2日から3日は店頭で接客することにして、特に年配の夫婦客などは必ず私が接客すると決め、契約書のやりとりまで店頭で担当しました。年齢が近いだけに、話も弾み、また私自身が顧客対応に当たることで、よりリアルに顧客像をつかみ、その後の品ぞろえや店舗デザイン、営業トークのあり方などを研究していく素材を得ることができました。私が接客したケースでは、契約率は8割から9割に上りました。経営者によっては営業の現場はすべて従業員に任せ、社長室で報告をもらう人もいると思います。まして既存の本業があり、まだ確たる見通しのない新規事業でもあります。後ろで構えて様子を見る経営者も多いのですが、まったく違う土俵でのチャレンジについては、経営者が先頭に立ち、その感触を肌で確かめながら、方向性を見極めていかなければならないと思います。

従来のお寺に付属したBtoBの墓石店では考えられないことですが、開店直前には食品スーパーのように周辺地域に新聞折り込みチラシを打って開店の告知も行い、開店セールも企画してオープン初日に備えました。

価格もさまざまなパーツごとに詳しく表示する一方、S、A、B、Cという最終価格ごとのパッケージを用意し、原価が多少違ってもSランクの石はこれとこれ、Aランクではこれとこれというように、わずかな価格の違いは丸めて、顧客の選びやすさ、考えやすさを最優先しました。予算の総額に合わせてランクを選べば、顧客自らその範囲でさまざまな組み合わせをして、自分で選ぶことができます。こうして屋内ショールームでの販売という新しさだけでなく、明瞭な価格、定額のパッケージ提案という顧客の買いやすさに配慮した販売方法を工夫していきました。

エンドユーザー重視で新たな事業モデルを確立

まったく新しいコンセプトでつくり上げた本格的な墓石の屋内ショールーム販売は、私自身の想像もはるかに超えて順調に滑り出しました。

第1号店は地の利もよく、また、代々の地元住まいの人ではなく、これからお墓を必要とする新たな住民が多く住む土地に近かったこともありました。50代、60代の元気なシニアが夫婦で来店することが多く、店内をじっくりと見て回りながら墓石選びを楽しんでいました。「こんなにゆっくり、しかもいろいろなデザインのなかから選べるものとは知らなかった」と来店客は異口同音に語り、成約率も非常に高いものがありました。

第1号店は初年度から5000万円を超える売上を記録し、2年目は1億円から1億5000万円ほどの売上になりました。

最初の店舗で得た知識やノウハウは少なくありません。高齢の親を亡くされたご夫婦は喪主こそ夫ですが、墓石の決定権を握っているのは妻です。夫が、自分のためにとお墓を新たにつくることも少なくありませんでしたが、このときも墓石を選ぶのは妻です。「そんな古くさいお墓にするのだったら私は入りませんからね」というのが殺し文句です。「子どもたちの意見も聞いて」というのも妻のほうで、墓石の決定権は夫ではない妻や子どもにあり、デザインや色味など従来のものにとらわれない提案が喜ばれました。BtoBからBtoCへの事業モデルの転換には不安もあったのですが、思い切って飛び込んでみると、エンドユーザーを直接相手にする事業の醍醐味を強く感じました。自分の肌感覚で市場の動きをつかみ、品ぞろえを工夫し、広告やプロモーション、店構えや接客のスタイルもそれに合わせて自分で決めていく、そしてその結果がダイレクトに売上に反映する。しかも卸業と比べて販売に対する利益率は大幅に違います。墓石というのは単に御影石の重量で価格が決まるものではありません。情緒的な価値が非常に大きく、むしろ安過ぎるものは敬遠されるという独特の世界です。価値が価格に反映されるだけでなく、価格が価値になる世界です。「故人のために200万円の立派なお墓を建てた」ということが精神的な満足につながるのであり、低価格競争をするのは逆に危ない石材会社だけです。納得感があればお金は出してもらえます。接客や提案には細かい気遣いが欠かせないとはいえ、利益率は比較的高い事業です。

第1号店が順調に推移したことから、2年後には県内で2店舗目を出店し、3年目に3号店、4年目に4号店と店舗を拡大していきました。1号店の屋内ショールーム形式による販売とそれに伴うノウハウを活かすことで、どの店でも集客や販売は好調に推移し、1店舗あたり年間1億5000万円から2億円の売上が見込めました。宮城県でのシェアはすぐにトップになり、東北でも屈指の墓石販売店になりました。2000年に1号店を出してから2011年までに宮城県内に6店舗、山形県にも2店舗出し、その後も順調に出店を続けました。2000年以降2012年までは景気の低迷により建設投資額は毎年減少し、私の会社の建築石材部門の売上もピーク時は年間24億円を大きく超えていましたが、毎年2億円から3億円ずつ減り、2012年頃には12億円から13億円程度とピーク時の半分程度まで落ち込んでしまいました。しかし墓石が毎年着実に売上を伸ばし、かつ利益率は建築石材を大幅に上回っていたので、会社が計上する利益は建設不況のなかでもまったく落とさずに済みました。もしも1999年に墓石への取り組みを決断せず、創業時の建築石材事業へのこだわりが捨てられないままだったら、会社は立ち行かなくなっていたのではないかと思います。祖業であっても絶つという勇気が、次の展開につながりました。

元々墓石販売は顧客や地域に密着した地域産業です。出店もまず地元の宮城県内に、そして隣県の山形県へと進めましたが、新たなビジネスモデルの成功に自信をもち東京支店も開設しました。さらにその後は、私の会社の成功を知ってぜひグループに加えてほしいと名乗り出る墓石店が全国に現れ、青森、岩手、秋田、静岡、鳥取、島根、広島、愛媛の各県で傘下に複数の店舗を擁する墓石小売店をグループに加え、同様のビジネスモデルで事業を展開しています。また、墓石のカタログ通販事業を手掛ける会社も仲間に加え、私の会社は第1号店のオープンから20年足らずで墓石販売で店舗数、売上とも全国のトップに立つことができました。

AR技術も駆使した提案

墓石販売事業はその後も順調に拡大、屋内ショールームの落ち着いた環境を利用して、基礎と墓石をステンレス金具で緊結することによって耐震性能を高めた実物大の構造模型の展示なども行っています。

また、最近では積極的な投資も行いながらデジタル化によるプラン提案の高度化に取り組んでいます。お墓とデジタルといえば、似つかわしくない世界です。しかし、プラン提案については住宅同様に早くからコンピュータグラフィックス（CG）を活用しており、最近では3次元CGにして、360度どこからでもお墓のプランをモニター上で見ることができるようにしています。正面だけでなく後ろから見たり、斜め上から見たり、モニターの中ですが自由な視点でチェックすることができます。

さらに今、デジタル化で工夫しているのがAR（Augmented Reality＝オーグメンテッド・リアリティ）技術です。Augmentは拡張を意味する言葉で、現実世界に仮想世界を重ね合わせて体験することができます。今この技術はさまざまな場面で顧客への情報サービスに使われており、大型家具店のIKEAではAppleと共同開発したアプリを使ってサービスを始めています。例えばソファの購入を検討しているとき、スマートフォンのアプリを起動し、自分の部屋でソファを置きたい場所が入るよう写真を撮ると、そこにIKEAの製品で購入検討中のものが実寸大で仮想的に置かれるという技術です。大きさはもちろん、色や質感も表現されている家具が表示されるので、購入後に実際に置いたときのイメージが再現できます。ソファなどの家具は店頭で見たときは大きくは見えなかったのに部屋に入れたら大き過ぎたといった失敗談が多く聞かれます。このアプリのようにあらかじめボリューム感がチェックできればこうした失敗はありません。色のコーディネートや素材の質感が今のインテリアの雰囲気に合うかどうかといったことも確かめられます。

このAR技術を墓石販売にも活用しました。お墓の設置予定地の写真を撮ってきてもらい、あるいは当社のスタッフが写真を撮ってコンピュータで読み込み、そこに顧客が希望する墓石をはめ込んで表示するという仕組みです。実際に建っている両横のお墓との関係で高さがどのくらい違うのかとか、そこに植えられた樹木とのバランスはどうか、自分のお墓だけ浮いた雰囲気になってしまわないかといったことが細かく検討できます。お墓は仮想のものですから、モニター上で瞬時に取り替えることができ、高さや石の色を変えたりしながら納得がいくまで何度でもシミュレーションを続けることができます。

またこのスタイルの打ち合わせであれば、顧客はどこからでもインターネット経由で参加することができます。一度ショールームでひととおり見ておけば、あとは自宅や出先からでも来店せずに打ち合わせを進めることができます。墓石販売でこうしたARシステムを導入しているところはまだありません。業界に先行して実用化を進めています。

霊園開発や納骨堂ビジネスにも進出

墓石販売をメインとしながら、霊園の開発整備事業にも積極的に参画してきました。そもそも霊園がなければ墓石は売れません。3大都市圏や地方中核都市への人口集中が進む一方で地方では過疎化に拍車が掛かり、従来の家代々のお墓は遠くて不便だという人が少なくありません。お墓参りも大変で、自分の親が入るであろう（あるいはすでに入っている）先祖代々のお墓は墓じまいして、新たに自宅の近くにお墓を移したい、そのほうが自分の子どもたちの世代のためにもなるということから、便利な都市近郊にお墓を新たに設けようとする人が増え、霊園開発が盛んに進められています。私の会社にとっては墓石販売の市場そのものを創る事業ということにもなります。積極的に参画し、これまで全国十数カ所で事業に携わってきました。

また近年ニーズが高まっている納骨堂の開発・販売事業にも事業協同組合などの事業スキームを工夫しながら積極的に取り組んでいます。

この納骨堂も地方にある先祖代々の墓を墓じまいしたいというニーズに応えるものです

が、お墓そのものの移設を行わず、都市部のマンションタイプの納骨堂にお骨だけ納めて、お墓の新設や管理の手間をなくすというものです。墓石販売のショールームを訪れる顧客との会話において、そのような提案が実現できれば若い人の負担を減らすことができ、都市部にあるので思い立ったとき気軽に訪ねてもらうこともできる、気が楽だという声をたくさん聞きました。墓石販売という立場から言えば、みすみす目の前の顧客を失うことになります。しかし墓石の購入とは異なる要望をもっている人に、無理に墓石を販売しようとしても、そうした営業はいずれ先細りになります。それなら、ニーズに合った新しい納骨堂方式のお参りの形を用意することも、お墓に関連する事業を展開するものとしての社会的な責任だと思いました。

その一つの形が納骨堂という室内墓所の企画建設や販売です。今後の人口動態を見れば地方の過疎化が大きく進み、また若い世代の墓参りに対する意識の変化もあり、墓じまいをして都市の便利な納骨堂にお骨だけ預け永代供養してもらえばそれでいいと考える人が増えることは明らかです。そこで墓石販売と並行して納骨堂の事業も手掛けることにして２０１１年頃から準備を始め、２０１３年に納骨堂をオープンしました。

営利法人としては事業ができないことから事業スキームを工夫し、宗教法人との共同事業として取り組み、地元仙台で初となる納骨堂を開き、新たに室内納骨堂の文化を築きました。

また納骨堂オープンから10年後の2023年には、おそらく全国の納骨堂で初となる「さくら参拝室」を新区画として設けました。これは、私の会社ならではのデジタル技術・映像の技術も駆使して高精度デジタルスクリーンに桜の美しい姿を映し、間接照明のやさしい明かりの、落ち着いた雰囲気のなかで心静かにお参りをしてもらおうという趣向です。この試みもほかの納骨堂にはない全国初の空間体験となるものです。

墓石販売として始めた事業は、それをメインとしながら霊園開発と販売、納骨堂の建設と運営にも業務範囲を広げ、さらに墓じまいに関する相談受け付け、行政手続きの代行、お骨の取り出し、墓石の解体・処分までを一貫して請け負うサービスも開始しました。「お墓に関することならなんでも」という総合事業にしていったのです。私の会社は、墓石というモノを販売しているのではなく、故人を弔い、故人と新しい関係を築きながら生きていくというライフスタイルのお手伝いをしているのだと考えています。その視点で考えれば事業の可能性は、まだまだ広がっていきます。

墓石販売も霊園開発も、そして納骨堂建設も、最初のビジネスモデルにこだわってしまったら、変化する時代やその時代でのニーズの変化について行くことはできなかったと思います。既存のビジネスでいったん成功しても、同じことを繰り返している限りそれは後退を意味します。周りは変化していきます。同じであることは後退と同義なのです。必要なのは過去の成功にとらわれない挑戦者としてのマインドです。

墓石販売は成功しました。しかし私の会社はそこから墓石を必要としない納骨堂のビジネスや樹木葬にも取り組んでいます。「自己変革を恐れれば未来はない」というのが創業者の教えです。墓参りが別の形になるのなら、それに見合ったビジネスを考案し、切り換えればいいだけです。企業が社会的な責任を果たし続けるとは、そういうことであると思います。

第4章

「内部留保」を絶つ

積極投資にシフト、12社のM&Aによって事業多角化を実現

内部留保が多いのは無能の経営

私の「絶つ経営」の3つ目は、内部留保を絶ち積極的な投資に打って出ることでした。

墓石事業への進出と新たなビジネスモデルによる成功によって、私の会社は順調に業績を伸ばし、新たな出店もしつつ収益を順調に拡大していきました。これで建設不況の波も乗り越えられた、経営を安定させる新たな事業もでき、内部留保金も増やすことができて、私はひと安心という思いでした。

「安心のための内部留保」の必要性を強調する経営者は少なくありません。「我が社はまったく収入が絶たれても、半年は全従業員に給料が出せる」と胸を張る人もいます。しかし、単に内部留保金が多いということが良いことなのか、そもそも何のための企業経営なのか――経営者はそれを常に自分に問わなければいけないと思います。法人として独立した人格をもち世の中に存在するのは何のためなのか、企業経営を通して経営者である自分は社会にどんな価値を提供するのか、それが経営の基軸です。ところが、従業員をはじめ多くのステークホルダーに責任を持つ経営者は、確かに事業が回っていること、売上・利益が毎期順調に計上できていることに安堵し、それがいつのまにか目的になってしまうのです。

私自身がそうなっているのではないかと気づかされる出来事がありました。

それはイギリスの調査会社による日本企業に関する分析データの公開です。かなり詳細な内容で私も分厚い報告書を手に入れたのですが、そこに記載されていたのは私にとって驚くべきものでした。

建築石材の部門で私の会社は、まずキャッシュリッチ（内部留保額）で全国1位、プロダクトへの付加価値でも同5位と上位にありました。実際、当時の純資産は20億円を超えていたのです。ところが経営の総合評価では26位だったのです。逆にキャッシュがなく、借入の多い企業が私の会社よりずっと上位にありました。私は何かの間違いだと思い、すぐに調査会社に電話しました。そして、私の会社は内部留保を確保し、あらゆる事態に備えている。従業員も安心して仕事に就いている。経営の総合評価がこれほど低いのは何かの間違いではないか、もしこれで正しいというのなら低評価の理由は何かと尋ねたのです。

すると、報告書は間違っていないと調査会社側は答えました。それだけのキャッシュがあるなら、なぜ積極的な投資をしないのか、ただ資金を寝かせているだけなら株主にとってはマイナスでしかないというのです。さらに、借金をしている企業は信用があるからそれだけの借金ができているのであり、それを有効に使って企業価値を高め、出資者に報いようとしている。それは評価されるべきことだと言ったのです。つまり、株式会社である限り、株主目線というものが重要であるとの返答です。

私はすぐには言葉が出ませんでした。そして、なるほどそういう見方があったのかと、私はしばらく考え込みました。キャッシュが手元にあればあるほど、マイナスの評価になっていくのです。確かに使うあてもなく資金を貯め込んでいるのは、経営者として無能です。

経営を任されて以来、創業の地である宮城や地元東北へのこだわりを絶って東京市場に進出して大きくシェアを拡大、その後は祖業である建築石材事業だけに頼るのではなく、墓石の加工販売事業に進出して新たなビジネスモデルを大きく育てました。さらにそこから霊園開発、納骨堂ビジネスにもフィールドを広げ、私の会社は折からの建設不況の影響を最小限に抑えるだけでなく、むしろ業績を大きく伸ばすことができました。

順調に拡大した墓石事業が大きな力となって事業は安定していたのです。私は満足していました。しかし、〝褒められると思ったら叱られた〟というべきショッキングな形で、その経営に価値はないと指摘され、私は目が覚めた思いでした。

内部留保は、ただあるというだけでは意味がありません。それに安住する気持ちを絶ち、積極的に使うべきなのです。

もちろん使うことには勇気がいります。企業経営では何が起こるか分かりません。十分な内部留保の存在ほど経営者を安心させるものはありません。しかし、その安心は新しいことへ挑戦していくマインドを弱めてしまう負の影響も生み出します。成功体験に縛られ、失敗を恐れ、会社の成長については従来の技術やビジネスモデルのまま営業エリアを広げたり、経費を圧縮して利益を大きくしたりするといった安易な方向に向かいがちになるのです。会社をもっと強くするためには、私自身が攻める気持ちをもち、内部留保を積極的に投資して新たな挑戦を始めるべきだと思いました。

1種類の商材で大丈夫か

まず考えたのが石以外の事業に出て行くための投資です。

扱う石の種類もビジネスモデルも大きく異なるとはいえ、墓石と建築の石材関連事業一本でこの先長く事業が続けられるのかどうか、不安があります。墓石や霊園、納骨堂といった新規事業はB to Cであり、しかも扱う商品の特性から、顧客との関係は次の世代、さらにその次の世代へと受け継がれていく非常に息の長い事業です。会社を健全に維持し、顧客へのサービスが途切れないようにすることはB to Cの事業を営む経営者としての重要な心掛けであり、社会的責任は小さくありません。当面の売上・利益がどうかという次元では語れない世界です。そう考えたとき、私は果たして石材だけの事業でいいのかと改めて思いました。キャッシュリッチの会社になった、と密かに胸を張っていた自分には見えなかったことでした。

そこで石材以外に事業を広げようと考えて、2つのことを始めました。1つは社内での新規事業開発です。何人かメンバーを募り、私を含めていろいろな事業アイデアを検討、そのなかで有望と思えた家庭用のピザ窯の製造販売と薪ストーブの販売事業に取り組むことにしました。早速山形と宮城に新拠点を設立して事業化に着手、販売する製品も確保しました。しかし思ったようには売れませんでした。住宅の敷地が狭くなって庭がどんどん小さくなり、住宅そのものが狭小化するなかで、ピザ窯も薪ストーブも需要は減退、新規の市場開拓は難しくなって苦戦を強いられたのです。

M&A（Mergers〈合併〉と Acquisitions〈買収〉）の代表的な形

買収	株式取得	対象企業の株式を買い取り経営権を取得する。M&A の手法として最も一般的なもの
	事業譲渡	買収企業の事業の一部もしくは全部を取得する
合併	吸収合併	複数の会社を統合し既存の会社を存続会社とする
	新設合併	複数の会社で新たに会社を設立し、新会社を存続会社とする
分割	吸収分割	会社の一部またはすべての事業を切り離し、別会社（既存会社）に移転する
	新設分割	同じく新設した会社に移転する

日本M＆Aセンター「M＆Aマガジン」のHPを基に作成

M＆Aで過去を絶つ

私のもう1つの追求は、M＆Aによる事業拡大を進めることでした。新規事業開発は市場調査や事業企画に始まり、競合調査やプロダクトの開発、特許や商標、法令関係のチェック、そしてサプライチェーンの構築、販路の開拓など、非常に多くの業務が伴い、人や資金を充てなければなりません。時間もかかります。しかしM＆Aならこうしたものをすべて省略して、一気に従来の自社事業と非連続の市場に打って出ることが可能です。すでに事業としてある程度軌道に乗っているものを会社ごと買うわけですから、新規事業にゼロから着手したときに覚悟しなければならない当初の赤字や低い利益率といった心配もありません。M&Aといえば当時はまだ買収総額何千億円といった大企業同士のものがもっぱら話題になり、中小企業の取り組み例はわずかでした。しかし地方中小企業が後継者不足のために優良な事業を継続していながら廃業の危機を迎えているケースが少なくないという話を聞きます。経営者仲間や取引銀行の親しい幹部などからこのような話を耳にするたびに、内部留保の有効な使い道としてこうした企業を買収するM&Aに本格的に取り組んでみようと思ったのです。

しかもM&Aの魅力は、内部留保の有効な活用であり、新たな事業の獲得であるというだけではありませんでした。それは常に私が必要性を学んできた過去を絶つ経営の有力な手段でもあったのです。

確かにM&Aに乗り出せば、同族会社として単独で大きくしてきた会社に、まったく異種の血を取り込むことになります。私の構想したM&Aは、対象の企業を自社に吸収合併するものではなく、株式の保有を通じて経営権を取得しつつグループ会社として傘下に加えるという緩やかなものでしたが、それでも事業領域はもちろん、誕生の歴史も成長の経緯も、社風も文化も異なる見ず知らずの企業と一緒に歩むことになります。それが果たしてうまくいくのか、本当にプラスになるのか、不安がなかったとはいえません。お金を使って経営の混乱要因を引き込むことになったら元も子もありません。

しかし、その不安を絶つことが会社の新たな発展のために必要だと思いました。私はM＆Aだからこそ実現する自分の過去とは断絶した出会いに期待し、それをきっかけに新たな成長の道筋を描きたいと考えました。

中小企業の可能性を拡大するM＆A

内部留保の有効活用の必要性を指摘されるまで、私はM＆Aの買い手になることなど考えてもいませんでした。

改めて調べてみるとM＆Aの件数は近年急速に伸びています。2019年には4000件を超え、過去最高となりました。2020年以降はコロナ禍の影響もありやや減少しましたが、それでも非常に高い水準です。M＆Aについては未公表のものもあるようですから、実際の数字はさらに大きなものであり、企業経営者の当たり前の選択肢として定着したといえると思います。中小企業に限ってみても、増加・定着の動きははっきりしていま

M&A件数の推移

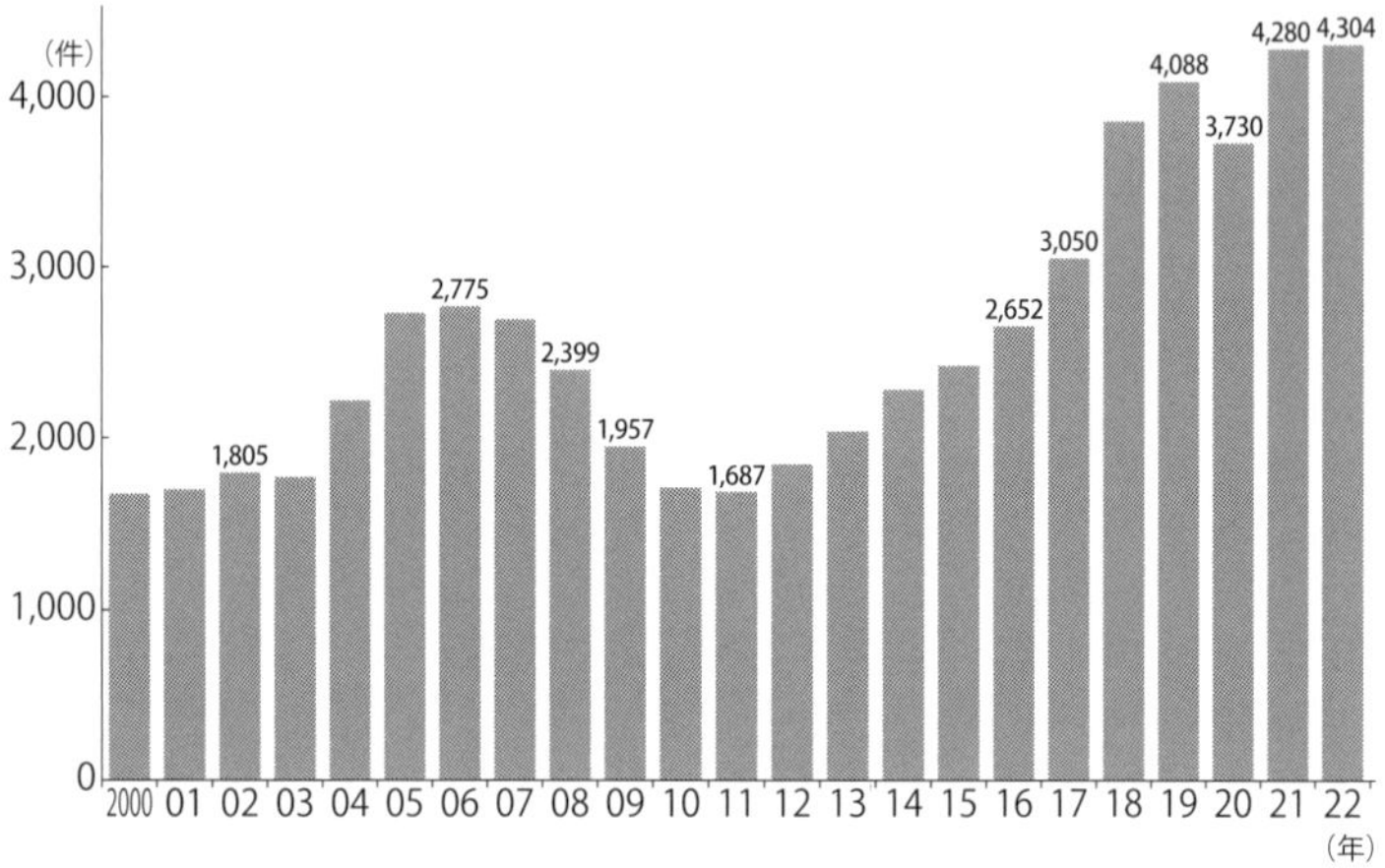

出典：中小企業庁「2023 年版　中小企業白書」

す。第三者に事業を引き継ぐ意向がある中小企業者と、他社から事業を譲り受けて事業の拡大を目指す中小企業者からの相談を受けてマッチングの支援を行う専門機関として「事業承継・引継ぎ支援センター」が全都道府県に設置されて活動を展開しています。この事業引継ぎ支援センターの相談社数と成約件数の推移を見ても、いずれも増加傾向にあることが分かります(「２０２１年版　中小企業白書」)。

　これまでＭ＆Ａには、買う側には「乗っ取り」、売る側には「身売り」といったネガティブなイメージがつきまとっていました。特に会社組織を家のように受け止め、家族的な紐帯《ちゅうたい》を大切にする日本独特の文化

事業引継ぎ支援センターの相談社数、成約件数の推移

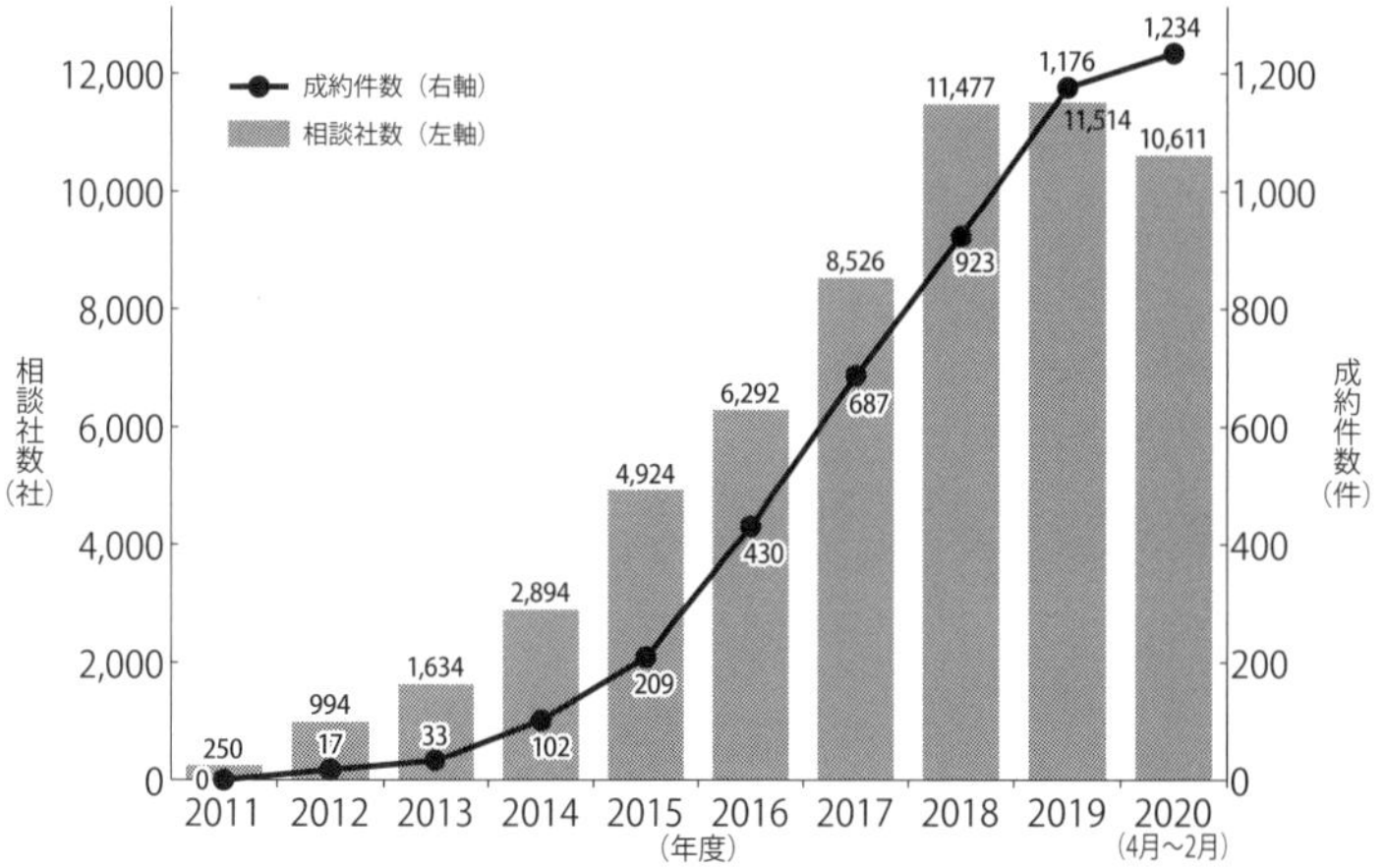

出典：中小企業庁「2021年版　中小企業白書」

のもとでは、こうした印象が避けられません。それは簡単には変わりませんが、企業経営者の間では、この感覚も少しずつ変化してきています。実際、中小企業経営者のM&Aに対する意識の変化を見た調査では、10年前に比べて買収することについては33・9%、売却（譲渡）することについても21・9%で「プラスのイメージになった」という回答があり、いずれも「マイナスのイメージになった」を大きく上回っています。M&Aに対する意識は明らかに好転しているのです（「2021年版　中小企業白書」）。

2011年と比較したM&Aに対するイメージの変化

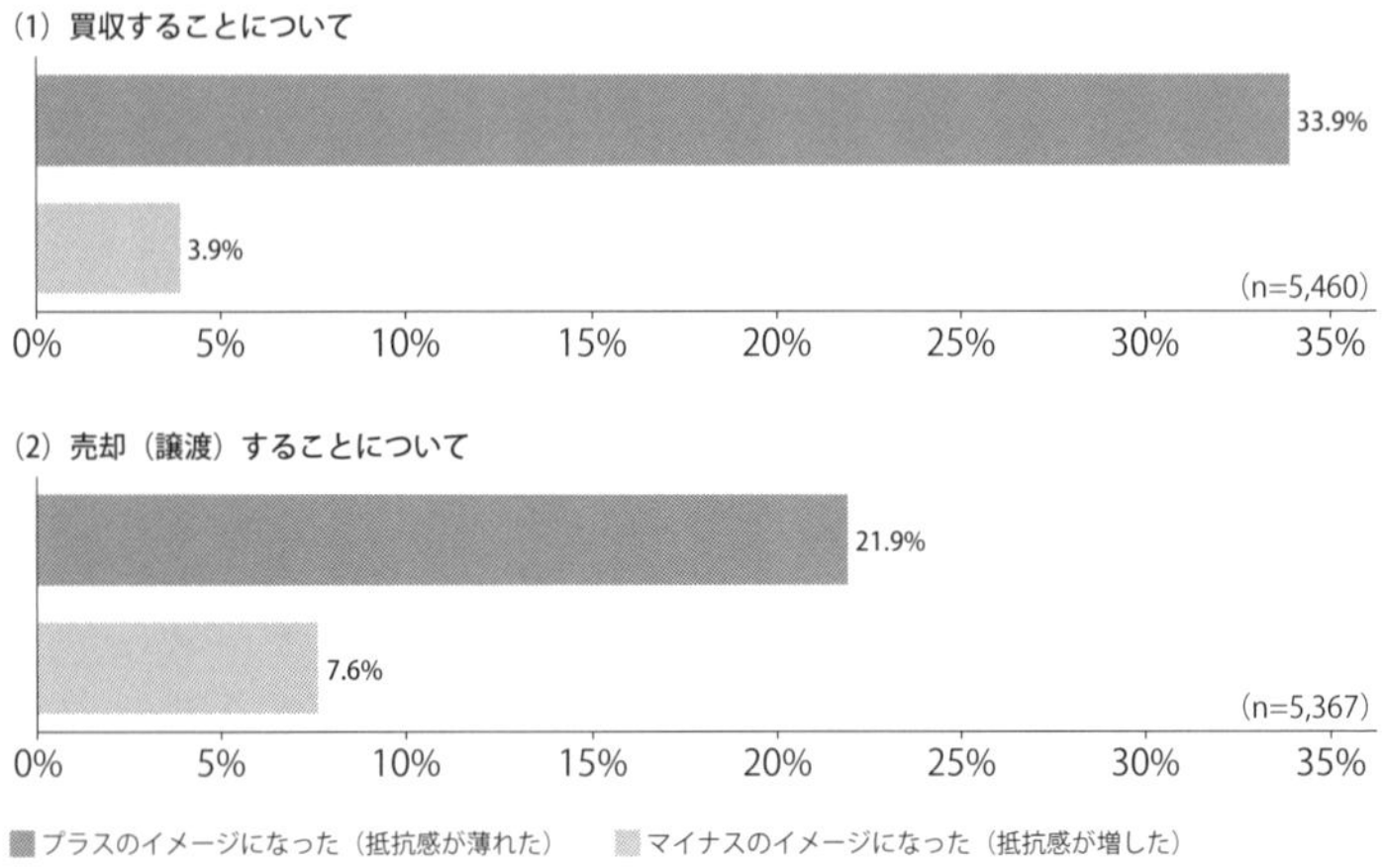

出典：中小企業庁「2021年版　中小企業白書」

日本の企業文化のなかでの抵抗感

そもそもまだＭ＆Ａという言葉が一般的ではなく、もっぱら「買収」「合併」といわれ、日本経済新聞の一面トップをにぎわすような企業合併が社会的な事件としてセンセーショナルに受け止められていた頃、中小企業にとって買収・合併は遠い世界の話でしかありませんでした。その潮目が少し変わったのが、多くの中小企業で経営者の高齢化が進む一方で後継者が見つからないという状況が顕在化してきた２０００年代の初めです。黒字でも廃業を余儀なくされる企業の数が増え始め、危機感を募らせた国は2006年に「事業承継ガイドライン」を策定し、公表しています。そのなかで事業承継には3つの形があると整理されました。1つが「親族内承継」、2つ目が「役員・従業員承継」、3つ目が「社外への引き継ぎ（M＆A等）」です。従来は、大企業の専売特許のようにイメージされていたM＆Aが、この時初めて中小企業の事業承継の手段として明確に打ち出されたのです。その後2011年には全国の都道府県に事業引継ぎ相談窓口や事業引継ぎ支援センターが設けられ、また民間のサポート機関も続々誕生して支援業務を開始し、事業承継を切り口に中小企業にもM＆Aが身近なものとして意識され始めるようになりました。

M＆Aが中小企業の事業戦略のなかで取り上げられるようになると、民間のM＆A仲介会社や経営コンサルタント会社などを中心に、当初の事業承継という受け身のテーマから離れて、より積極的に経営戦略の一環として位置づけ、事業規模の拡大、関連技術の取得による事業強化や競争力向上、新規事業分野への進出などを目指すものとして検討されるようになりました。さらにその後は、吸収合併などによる経営統合ではなくいわゆる「ホールディング会社（持株会社）」を設立し、その下に買収した事業会社を従え、株主として各社の事業をコントロールするホールディング経営もM＆Aを通した中小企業の経営戦略

売り手としてM&Aを実施する際の障壁

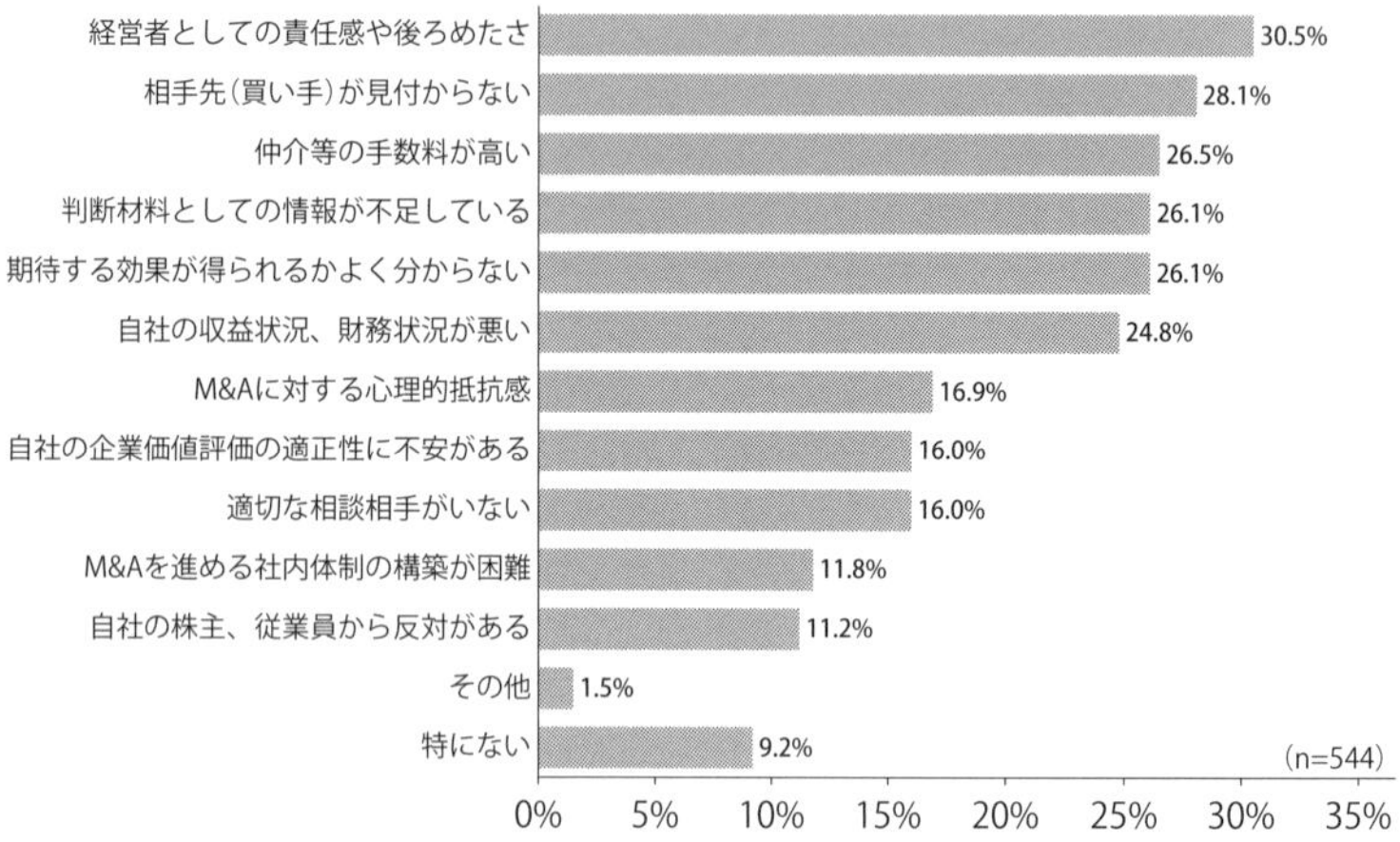

出典：中小企業庁「2021年版　中小企業白書」

として注目を集めています。

ただし、日本の企業文化のなかでは抵抗感は残っています。特に買収される側にしてみれば、親や親族が起業し心血を注いで育ててきた企業を他人に渡すことにためらいがあります。上場しているような大企業であれば企業経営戦略上の選択としてドライに割り切ることができるかもしれませんが、この点は中小企業だからこそのウェットな感情がつきまといます。実際、調査データでもこれがはっきりと示されており、売り手としてM&Aに臨む際に「経営者としての責任感や後ろめたさ」を感じるという経営者は30・5%にも上っています（「2021年版　中小企業白書」）。先代経営者に対する気遣い、対外的な評判が下落することへの不安、従業員の待遇や雇用維持への不安など、理屈では割り切れない思いが「後ろめたさ」として現れているのです。この点は中小企業のM&Aであるからこそ、買い手が配慮しなければならないことだと思います。

私が内部留保の積極的な活用のためにM&Aに取り組むことが必要ではないかと考えた2000年代前半は、中小企業のM&Aの黎明期《れいめいき》でもありました。少しずつ認知が進み、しかし特に買収される側には抵抗感もまだ少なからずあるといった状況です。しかし確実にM&A市場は動き出し始めていました。

まさにそのタイミングで、私のもとに持ち込まれたM&A案件がありました。

初めてのM＆A

銀行出身の投資会社経営者から、不動産事業を展開するジャスダック（当時）上場企業の買収話をもちかけられました。私と付き合いのある地方銀行からの情報で、私にたどり着いたとのことでした。

話を聞いて、私は面白そうだと興味をもちました。不動産事業はものづくりや加工卸業などとはまったく異なる事業です。不動産の開発・販売、流通、管理など不動産商品にどれだけの投資をしてその活用によっていかに収益を上げていくか、金融業にも近い事業ということができます。もちろん大きな景気の波の影響はありますが、所有不動産の運用という面では賃料相場は他の物価に比べて安定しているといわれ、その点、事業リスクは低いといえます。石材とは業界が異なるだけでなく、事業収支の動き方がまったく違うので事業の多角化という意味ではうってつけだと思いました。

ただし、初めてのM＆Aの取り組みです。しかも、相手は上場企業であり、現在ほどではありませんが上場企業の買収にはさまざまな制約がありました。地元の地銀を通して話をもちかけてきた投資会社の人と二人三脚で具体的な取り組みに入りました。

上場企業の買収はTOB（株式公開買い付け）になります。すでにその株式を所有している人の保護という観点からいろいろな約束事もあり、私自身が勉強しながらの取り組みでした。公認会計士や弁護士、証券関係の業務にあたる担当証券会社、買収資金の融資をしてくれる銀行などもメンバーに加えて、チーム松島と称して段取りを組み一段ずつステップを踏みながらゴールを目指すことになりました。

新しいことは人に任せきりにせず、自分で担いノウハウを得ていくのが私のスタイルです。そうでなければ迅速な判断はできません。思うような結果が出なくても、自分で学び、考えながら下した判断であれば納得もできます。幸い墓石事業は順調で開業・運営のノウハウも社内で蓄積していましたから、私が関わらなくても経営ができるようになっていました。また、建築石材事業も売上こそ縮小していましたが、こちらは長年の取り組みですから墓石事業以上に安心して任せておくことができます。こうした環境にも助けられ、私は第1号となるM＆Aを成功させるために本社のある仙台から連日新幹線で東京に通い、M＆Aに関わるメンバーとの打ち合わせを重ねました。3カ月以上掛かったと思いますが、この期間私はM＆Aのことしかやっていません。一つの企業、それも上場企業を手に入れるということは、それくらいエネルギーを必要とすることだといえると思います。

非上場企業が上場企業を買収

まず関東財務局に行って、買収しようとする企業の株を1株いくらで買うか、証券会社と打ち合わせをしてはじき出した金額を報告し確認してもらうという作業があります。買収の対象となる会社の法人名と証券コードを書き、次に買収元となる私の会社のことを記入するのですが「証券コードの記入が漏れています」と言われ「いえ、私の会社は上場していないので、ありません」と答えると担当者が目を丸くして驚いていました。非上場会社が上場会社を買収しようとしていたからです。

相手の会社は資本金が3億5000万円ほどで決して大企業ではありませんが、株主は600人ほどいました。しかも当時はいわゆる「敵対的買収」に対する株主保護策が強化されようとしていた時で、弁護士からは法的な決まりではないが、最初のTOBで9割以上の株を確保できないと、その後、株を継続して所有したいという意思をもっている少数株主から提訴されて負けることもあると聞きました。その会社の大株主は創業者の親子で全体の60%くらいをもっています。元々その親子が売却したいと言っているので、それは問題なく買えます。残りを票読みしておそらく合計で90%は確保できるとみて公開買い付けに踏み切りました。その結果約92%を確保、大体読みのとおりでしたが、残りは1割に満たないとはいえ株主数にすると300人くらいいます。一人ひとり交渉して回ることはできないので、多数派となったことを活かして上場廃止を議題にした臨時株主総会を招集しました。当初は反対意見が続出して総会は延々と3時間ほど続き、議論を重ねましたが、

M&Aの一般的な流れ

M&Aへの取り組みの意思決定
↓
専門家に依頼するか、自分で進めるかを判断
↓
買収候補企業のバリュエーション※1
↓
マッチング、買収候補企業の決定
↓
交　渉
↓
基本合意の締結
↓
デューディリジェンス※2
↓
最終契約の締結
↓
クロージング
↓
クロージング後（ポストM&A）※3

※1 バリュエーション　企業価値評価のこと。会社や事業の収益性、資産や負債の価値、類似している会社との比較などさまざまな手法で定量的に算出する。
※2 デューディリジェンス　買い手企業が売り手企業の実態を把握するために行う「買収監査」。
※3 ポスト M&A　PMI（Post Merger Integration）ともいう。M&A の総仕上げとなる企業統合作業。

中小企業庁「中小M＆Aハンドブック」を基に作成

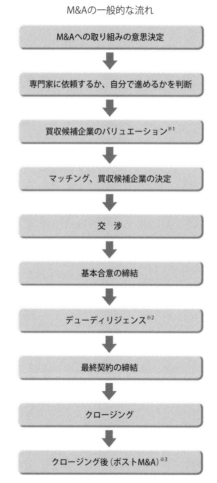

最終的には総会決議で上場廃止を決め、全株式を取得。上場廃止にしてM&Aを成功させることができました。

買収資金は総額で20億円くらいになり、そのうち5億円は自社の手持ち資金から出し、残りの15億円は銀行からの融資を受けています。これは買収により私の会社の企業価値が上がり収益も拡大するという予想に基づく融資で、過去の実績や担保価値を評価しての融資ではありません。当然銀行にとってリスクの大きいレバレッジ効果を狙った融資です。しかし、銀行にしても従来の担保頼みの安全な融資だけでなく、事業の将来性を見込んだ融資にも踏み込んでいかなければ金融事業としての将来は見通せません。地元で長い付き合いの地銀が銀行初のLBOローン（レバレッジドバイアウトローン。M&A対象会社の信用力に依拠して買収する手法）での融資を決断してくれました。非上場企業による上場企業の買収も珍しかったうえに、そのスポンサーが地銀であったことも、M&Aの業界で話題になりました。それまでLBOローンは、メガバンクの独占市場だったのです。不動産会社の従業員は、最初こそわけの分からない宮城の小さな石屋が買収に乗り出したというので、驚きや不安があったようですが「いい会社だからこそ買う。従来の事業はそのまま継続してもらえばいい。皆さんの処遇も変わらないのはもちろん、さらに経営に力を入れて今よりも高い水準を目指す」と買収の意図を私自身の口から表明し、退職者は一人もなく円満に経営の交代が実現しました。その後この不動産会社が所有する物件が駅前の再開発事業に絡むことがあって、大手のデベロッパーからの購入依頼が相次ぐことになり、所有不動産の価値はわずか数年で3倍以上になりました。そこまでは予想していなかったものの、大成功に終わったM&Aになりました。

リスク分散に有効なM＆A

キャッシュを眠らせることなく企業価値向上のために積極的に使っていく、それが経営の本来のあり方だと気づかされ、実際にM&Aという形でその一歩を踏み出しました。

初めてのことでいろいろな学びや苦労もありましたが、成功させることができ、私は今後もM&Aについては積極的に展開していこうと思っていました。しかもM&Aによる自社グループの拡大は、企業の危機管理、いわゆるBCP（Business Continuity Plan＝事業継続計画）にとっても非常に大きな価値をもっていることに気づきました。1回目のM&Aのときにはまだその認識はなかったのですが2011年3月の東日本大震災を体験することで、業種と立地（商圏）の分散は、自然災害が頻発する日本で事業と従業員を守るためには必須であり、そのためにもM&Aによる企業グループの拡大はぜひとも取り組まなければならないとひしひしと感じたのです。いかに同族経営からスタートしたものであっても、法人である以上、会社は社会の公器です。提供する商品やサービスは地元の経済に組み込まれ、サプライチェーンを形成しています。また、地域の人を雇用し、家族を含めてその生活の支えとなっています。危機管理計画をしっかりもって、地域と従業員を守らなければなりません。

2011年の3月11日、その日私は石の買い付けのために中国にいました。

現地のニュースで東北が大変なことになっていると知り、仕事を切り上げてすぐに帰国しましたが、東京には戻れたものの宮城には入れません。当時、宮城県には仙台市を中心に本社と加工工場、倉庫、さらに墓石販売の店舗が6店ありました。電話も思うようにつながらず、とにかく現地に入らなければと当時唯一のルートであった新潟経由で向かうことにして東京を発ちましたが、結局、仙台に入れたのは日本に戻ってから4日後でした。

テレビニュースや地元の知人からの断片的な情報である程度覚悟はしていたものの、目の当たりにした現地の惨状は衝撃的でした。松島の本社を含めて自社の工場や倉庫が津波で流されるということはありませんでしたが、業務は到底できず、従業員やその家族にも大きな被害が及んでいました。取りあえずは一人ひとりが自分の身の安全と家族の安全・安心のために動かなければなりません。期限を決めることもできないまま、会社は休業状態に入りました。

ところが山形の2店舗は、なんの被害を受けることもなく通常の営業を続けていました。仙台からわずか60キロあまりしか離れていないのですが、まったく無傷だったのです。うれしいこととはいえ、非常に不思議に感じました。またM＆Aで苦労してグループに収めた東京の不動産会社も、社員の身の回りの整理などのために1日臨時休業しただけですぐに通常営業に戻りました。この山形の2店舗と東京の不動産会社が震災後も平常どおりの業務を続けることができたおかげでグループとしては少ないながらも売上・収益を確保し続けることができました。

私は被災直後から当時80人から90人ほどいた従業員に、しばらく休業することにするが震災に伴うリストラは一切しないし、給与も従来どおり休業が何カ月続いても払う、どんなに時間がかかってもいいから心配せずに復旧に努め生活の再建をしてほしいと伝えました。従業員が少しずつ戻り始めたのはそれから1カ月以上あとのことで、すべてが元に戻るまでには、さらに数カ月を要したと思います。その間、本丸の宮城がまったく仕事にならなくても従業員に従来どおりの給与を払い続けることができたのは、山形と東京の拠点が動いてくれていたからです。

リスクマネジメントの観点からM＆Aに力を入れる

私は改めて、一定規模以上で会社を経営する以上、営業地域と業種を分散することが絶対に必要だと感じました。もし震災当時、私の会社が宮城県だけで仕事をしていたら、会社は潰れていたと思います。100人近い従業員やその家族が被災したうえに収入まで絶たれて行き場を失ってしまう。これは経営者としては絶対に避けなければならないことです。

経営の失敗で業績が徐々に後退し、遂に倒産ということなら、少しずつ事業を整理したり従業員にほかの仕事を斡旋したり、多少とも対策を取ることができます。しかし、直前まで普通に仕事をし、しかも業績も悪くないにもかかわらず、震災で突然すべてが絶たれてしまうという可能性はあり、事実、地元にはそういう企業も少なくなかったと思うと、会社を経営する者の必須の心構えとして、いわゆるBCPをしっかりもっておかなければならないと感じました。ＢＣＰというと、多くの人は災害発生時など緊急時の事業継続体制のことだと考えます。従業員の安否確認や緊急連絡体制、避難経路の確立と確認、防災用品の備蓄、非常電源の確保やコンピュータシステムの二重化、データのバックアップ体制、サプライチェーンの確保といったことです。確かにこのような戦術的な備えも重要ですが、企業グループとして、あらかじめ事業を展開する地域と業種を分散し、災害時のダメージを分散するより根本的な戦略的ＢＣＰの備えが欠かせないと思ったのです。

当時、最初の大きなＭ＆Ａを前年に実行したばかりでしたが、私はＢＣＰの観点から、さらにＭ＆Ａに力を入れようと思いました。グループとしての事業拡大が目的ではなく、リスク分散による経営の安定が目的です。それが一定規模以上のグループを率いる経営者の責務であると考えたからです。

１件目の成功が次の情報取得のきっかけに

想像以上に苦労し難産だったとはいえ、Ｍ＆Ａの第1号となる東京の不動産会社の買収に成功したことから、私のもとには会社を売りたいという情報が、仲介会社などを経て入るようになっていました。私自身、宮城だけではだめ、石屋だけではだめと強く思っていましたから、東日本大震災のあとはさらに本腰を入れてM&Aに取り組むことにしました。

震災から1年ほど経った時に、隣県ですが岩手県の測量会社を買わないかという話が来ました。4人で立ち上げた会社で、各自が10年交代で社長になり、経営しようという約束で始めたというのです。初代・二代目を担当した社長たちは当初の約束どおり退任して社外に出て、今の社長が経営者になった。ところが新任経営者のもとでの直近10年は退職者が多く売上や収益も上がらない。しかも10年を過ぎても経営を再交代する気配がない。そこで2人合わせて70%の株をもって外に出た前社長と前常務が、今の経営陣に居座られて困惑しており経営権こそないが大株主としてはこの会社を売ってしまいたい。また、可能ならば現経営陣は退陣させてほしいのだがと私に相談がありました。

売り出されようとしている企業にはさまざまな事情があります。事情があるからこそ売りに出ているので、しかも非上場の同族経営の会社などの場合はなおさらです。企業情報を見て、それなりに収益が上がっていて、買収額が見合ってそれで前に進めばいいかといえば、そうはいきません。経営陣内部の対立、兄弟間の確執、長男と長女の配偶者の間の争いなどがからんでいることが少なくありません。そういう面倒なことは嫌、ということならそもそも中小企業を対象としたM&Aを経営戦略に組み込むことはできません。複雑なお家事情にも入り込んでいく覚悟と、それを苦にしないマインドが必要です。

働く人を見てM＆Aの適否を判断する

そもそも私はM&Aについて、出来上がった会社や事業を買ってくるものとは考えていませんでした。その意味ではM&Aの常識を絶った取り組みでした。私はM&Aとはビジネスと一緒に人を譲り受けるものだと考えていたのです。そこにいる人にどう活躍してもらうか、それも含めて「この人たちがこういうふうに活躍すればこの会社と事業はここまで伸びる」という確証を得たうえで買収交渉に入りました。もちろん相手企業の従業員一人ひとりのことが事前に分かるわけではありません。しかし、トップに会い、経営陣の何人かを知り、事業の内容を見れば、一緒に育っていくことができる会社かどうかは分かります。買収当時は50点か60点でも、1年、2年あるいはもっとかかるかもしれませんが、グループとして一緒にやっていくなかで確実に良くなっていくと思える会社を買収しました。M&Aの世界では、50点や60点の評価で買う人はいません。事業と一緒に人を見たからこそ低い評価点でも買えたのだと思います。Ｍ＆Ａ成功率はせいぜい３割といわれるなか、私がその後の12件のＭ＆Ａをすべて成功させることができたのも、Ｍ＆Ａの常識を絶っていたからだと思います。

この測量会社のときも前経営陣の人柄や従業員の雰囲気を知った私に躊躇はありませんでした。しかも東北を営業基盤とする会社です。東日本大震災は当初の復旧ステージから、大きく復興ステージへと転換しようとしており、政府や自治体の政策もインフラの再整備に向かおうとしていました。測量事業はこれから化けると思っていました。石材で経験した建築の世界とも親和性があり、飲食業やアパレル業などと比べて大きな隔たりもありません。本業との距離感は理想的です。このＭ＆Ａはぜひ成功させて、地域と業種を越えて事業を広げるという私のＢＣＰ戦略を前に進めようと思いました。

「買収されるなら全員退職」を乗り越えた戦略

覚悟をしてＭ＆Ａに取り組んだものの、２件目の案件は想像した以上に手ごわいものでした。

70％の株をもって社外に出た前社長と前常務が私と話を始めると、その噂を耳にして現経営陣が猛烈に抵抗を始めたのです。

そもそも70％の株をもっているといっても、前経営陣の2人はすでに社外の人間ですから、取締役会の承認がなければ手持ちの株を売ることはできません。実際に、取締役会は株式の譲渡を認めませんでした。最初の抵抗です。そこでこちらの作戦は、大株主という立場を活かしつつ、その権限で臨時株主総会の開催を裁判所に申し立てることでした。当然開催になります。しかもいざとなれば7割ですから現在の全取締役の解任も決議することができます。

株主総会では現経営陣はこちらの要求を入れて株式の譲渡制限を外しました。そこで私はこの株をすべて買ったのですが、現経営陣の次の抵抗は、宮城の小さな石屋が買収しようとしているが、買収されたら会社がどうなるか分からないと従業員を焚き付けて、全員に署名させた「〝血判〟誓約書」をつくることでした。内容は「買収には反対であり、もし買収されたら私たちは全員退職する」というものです。経営トップの2人は来ませんでしたが、ほかの取締役がその書面をもって宮城の私のところにきました。

その時は、私は現経営陣に退陣してもらおうとは思っていない、私はこの会社を経営するために買うのだから、ぜひ一緒にやりましょうと伝えました。実際、そう思っていたのです。第1号のM&Aもそうですが、私のやるM&Aはすべてその会社の現在の事業を継続し発展させるためであり、それ以外の目的はありません。投資会社なら取りあえず買って人事も含めててこ入れし、企業価値を高めて売る、その差額で儲けるという考え方もあります。しかし私が進めるM&Aは売却を前提にしたものではありません。

この測量会社もそうでした。事業に興味がありました。しかも仙台から岩手県にあるその会社までは100キロ近く離れ、広い意味では建設に関連するとはいえ、建築石材とも墓石ともまったく違う市場に属しています。

私が7割の株をもって取締役社長として経営するが、合わせて3割の株をもつ現社長と専務にも残ってほしい、一緒にやっていきましょうと言いました。結局彼らは従業員の手前、居づらかったのか手持ちの株を私に買ってくれといって会社を離れましたが、株をもっていない旧経営陣は全員会社に残り経営を分担してくれることになりました。その後私はこの会社を訪ねて全従業員の前で、これからは私がオーナーとして経営しますが、これまでの皆さんの業務は何も変わらない、ただ皆さんは技術者の集団であるせいか、もっと利益が出ていてもいいのに出ていない。これを改善すれば皆さんの待遇も向上すると思いますとあいさつして、以前こんな誓約書をもらったが私は見てもいませんと、「買収されたら退職する」と書かれていた連名の書類をその場でビリビリに破いて桜吹雪のように撒いてしまいました。まるで映画のワンシーンですが、実際彼らはただ書けと言われたから書いただけで、結局ただの1人も辞めませんでした。

この2件目となるM＆Aも大成功でした。私が経営者として入った時、この会社の売上は約5億円で利益は2000万円にも届いていなかったのです。しかしその後は、私の読みどおり復興特需もあって翌年の売上は7億円、その翌年は10億円、その後12億円を超え、最高は13億円まで伸びました。当期利益も、2年目には約7000万円に跳ね上がり、3年目からは毎年億単位で、最も多いときは3億円を計上しました。決算賞与という形で従業員には特別手当を出し、買収から4年後には、岩手県で業界トップの会社になりました。

当初事業を始めた4人が分裂して対立し、泥仕合になりかけていた案件です。「火中の栗」を拾うことをいとわない、策を弄するのではなく経営陣や働く人のこともよく知り、あらかじめそれらの人の活かし方も含めて戦略を練ることが、さまざまな事情をもつ中小企業の買収を成功させるポイントです。

自社にない事業をもつ会社に出会える

私のところに話をもち込むと、難しそうなM&A案件もうまくいくと感じたのか、2件のM&Aの成功のあと、2015年頃からは毎年のように、いろいろなルートで「売りたい」という案件がもち込まれました。その多くが後継者難で経営を受け継いでくれるところを探している、というものでした。

測量会社もその後2社から買ってほしいと話がありました。その1社が3件目のM&Aとなりました。2件目の測量会社のM&Aが成功し、順調に事業を継続していることを知っていた取引銀行が、同様の業種でもあり、事業の拡大にも効果的ではないかとみてもち込んできたものです。確かに買収から3年が経ち、測量会社の事業は順調に拡大、旧経営陣と私や私の会社との関係も良好で、同じグループ会社として従業員間の交流も進んでいました。銀行としてもいい話になると踏んだのだと思います。先方企業の話を聞いてみると、安心して経営を任せられる後継者がいない。しかし自分が起こした会社であり、従業員の生活のこともあるからなんとしても残したいという意向でした。測量会社の事業のことはもう十分に分かっていましたし、大きな可能性も感じていました。測量業界はＧＩＳ（Geographic Information System）関連の技術が新標準となり、先の測量会社を中心にグループネットワークをつくれば、今後大きく成長していくのではないかと思いました。

ＧＩＳは日本語では「地理情報システム」と呼ばれ地球上に存在するさまざまな地理情報、地物情報をコンピュータの地図上に再現し、デジタルマップ上に可視化して、各種情報の関係性やパターン、傾向を分かりやすい形で導き出し、表示するものです。ごく初歩的なものでいえばGoogleマップ上にその周辺のコンビニエンスストアなどの情報を重ね合わせて表現するようなことですが、一種類の情報（例えばコンビニエンスストアの住所）だけを見ても分からなかったものが地図上に再現されることで分布の偏りが分かったりします。どういう情報を地理情報に合わせるかで、それぞれの情報を個別に分析するだけでは見えにくい課題を定量的・視覚的に分析することができるので、測量で得られた詳細な地理情報の価値を無限といえるほど大きく拡大するものになります。

Ｍ＆Ａは自分の見聞や生活の範囲では決して出会えなかったさまざまな技術や考え方、ノウハウを知る機会でもあり、その点でも楽しさがあります。私自身いろいろな刺激を受けました。ある時、走行しながら詳細な道路の情報（デジタルデータ）を入手できる自動車があるが購入してはどうかという話が測量会社の従業員から出たことがありました。確かにこれからは自動走行が当たり前になる時代です。全国の道路の詳細なデータは自動走行に欠かせません。これは事業の大きな武器になると思いました。価格を聞くと、1億3000万円だということでした。あまりにも高額なので一瞬躊躇しましたが思い切って買いました。ところがその読みは見事に外れてしまったのです。

その後の各種センサーの高度化や車載の組み込みコンピュータの計算能力の飛躍的な高度化、5Gなど外部との通信環境の高度化などから、走りながらセンサーの情報を基にその場で地図を生成し、それに沿って自律的に判断して走るという技術が汎用的になりました。当社のシステムのようにあらかじめデータとして地図を取得し、それを読みながら走行するのではなく（もちろんその情報もベースとして必要ですが）自らその場で地図を作ることができるのです。家庭用の掃除ロボットも原理としては同じであり、最近ではドローンのなかにも自ら地図を生成して飛ぶ自律型のものが登場しています。つまり、あらかじめ詳細な道路情報を収集し、その後それを地図データとして作って自動走行車に提供するというのんびりした話ではなくなってしまったのです。

また、これには後日談があり、この高額な設備を巡っては償却という税法上の観点で管轄税務署と見解が違い、初めての経験ながら国税不服審判所まで係争し、結果は2点の否認に対して1点の異議が認められたという1勝1敗の初体験もありました。この高価な買い物は大失敗でした。しかし、M＆Aでさまざまな技術に出会うからこそ、その点と点を結ぶさまざまなアイデアを自分で考えて新規事業開発につなげていくというのは、経営者としての大きな楽しみであり刺激剤です。ソロバンを弾くだけが経営者ではありません。その意味でM＆Aは経営者として時代に立ち向かうフレッシュな気持ちを持続させてくれるものであり、これはM＆Aの副次的ではあれど大きな価値だと思います。

M＆Aで得た代表権を元オーナーへ

3件目のM＆A案件となった測量会社は、双方の考えに大きな隔たりはなく、また先方はどうしても私の会社の傘下に入って会社を存続させたいという意向だったので、買収価格が高くなることもありませんでした。

この3件目のM＆Aの実施以降、私は毎年のようにM＆Aを実施、1社また1社とグループを拡大していきました。

次の検討企業となったのは墓石小売業の会社でした。これももち込まれたものです。当時私はBtoCの独自のビジネスモデルで始めたショールーム形式による墓石販売が順調で、店舗も10店舗まで自力で拡大していました。業界でも「あのやり方が良い」と好評でしたから、このまま少しずつ広げていけばいいと考えていて、同業の墓石小売業の会社を買収するつもりはありませんでした。ノウハウも資金も含めて新規出店は自社でやっていけます。

しかし「どうしても会ってほしい」と言われて会いました。会社があるのは秋田で、ほかの地方都市同様人口減少が続き、消費市場には勢いがありません。どうしようかと迷いましたが、話を聞いてみると墓石に始まって仏壇、花など関連するさまざまなビジネスを手掛け「今後は葬儀も扱おうと思って不動産ももっている」というのです。確かにオーナーはなかなかのアイデアマンでいろいろな事業を進めていました。ただし、それらがなかなか収益に結びつかず、財務状況は決して良くありません。「お金がないわけじゃない。不動産でもっている」というのです。確かに不動産は多かったのですが、すぐには活用できないものも少なくありませんでした。私はM&Aで買収したあと、グループ内の不動産会社のスタッフと改めてその会社の不動産の「仕分け」をして、すぐに活用できないものは売却し、収益事業につなげられるものは開発計画を進めるようにしました。その結果財務が安定、元々本体の墓石事業は堅調でしたから、屋内ショールーム3店舗体制とし、従来の仏壇との同時展示販売も特徴として積極的に打ち出し集客力を高めていきました。M&A当初は株主となった私が代表取締役となって経営全体を見ましたが、その後は売上・利益も安定し経営も順調で無借金企業として自走できる体制になったことから、7年目を迎えた2023年、買収前から一貫して専務取締役として経営に参画してきた元オーナー家の女性に、代表権を戻しました。7年預かって私なりに経営改革を進め、元のオーナー家に再びバトンを戻す形になりましたが、こちらも過去にない初めてのことです。お互いに良かったのではないかと思います。もちろんこの会社も含め、グループの各社はそれぞれ、創業以来の独自の伝統をそのまま受け継いでいます。それぞれの会社が強くなることで、グループ全体の力も増しています。こういうM&Aこそ、私が目指すものだと思います。

不動産M&Aに挑戦

私の会社が進めてきたビジネスモデルは、直接エンドユーザーに販売するBtoCという形にして、屋内展示場で売るというものです。こうしたスタイルに関心をもち、私たちのグループに入りたいと名乗り出る会社がいくつかありました。そのなかには現社長と後継者が企業の売却について対立している案件や、高齢の現社長の経営判断がブレて従業員が不安に思っているが、オーナー家が手を打たないので困惑が広がっている、といった込み入った事情の案件もありましたが、いずれも話し合いを重ねて買収を成功させ、各会社の事業と雇用の安定的な継続を実現しました。

変わり種では、不動産を所有している資産管理会社で相続が発生、相続人は3人の娘さん、というものがありました。不動産を売却すると法人税がかかり、さらに取得した資金を配当として分けるとこれにも高率の取得税がかかります。そこで会社を売ってそのお金を分けようということになり、私のところに話が来ました。つまり不動産込みで会社を売る、という考え方です。不動産M&Aと呼ばれるもので最近増えているようですが、私にとっては初めての経験でした。

形としては、私が買ったのは会社ですが、元々、資産管理会社ですから社員はいません。株主であり取締役である3人の娘さんは会社を売ったら辞めますから結局私は不動産を買ったようなものでした。ただ不動産だけがあるという会社では事業も何もできないので、第1号のM&Aで買収した不動産会社とこの会社を合併させてこちらは消滅させ不動産だけ手に入れました。

このM&Aを通して分かったことですが、不動産そのものを買うよりも不動産付きの会社として買ったほうが3割くらい安く買うことができ、税金面でも登録免許税や不動産取得税、不動産の登記申請や登記費用が要らなくなるなど多くのメリットがあることが分かりました。それまでのM&Aとはまったく性格の違うものですが、不動産M&Aは機会があったら今後も挑戦しようと思いました。グループに不動産会社があるということも、取り組みを容易にしてくれた要素です。

自ら買収に乗り出した成功例

私が実行した12件のM&Aは、1件を除いてすべて仲介会社や銀行などからもち込まれた案件で、大半は後継者がいないので買ってもらえないかというものでした。ただ1件だけ、私から積極的に買収に臨んだケースがあります。私が行ったM&Aのなかでは異色のものですが、墓石事業でどうしても取り組みたいものを先行して展開している会社でした。

その事業というのは、墓づくり、墓じまいを全国どこからでもカタログ販売するというものです。無店舗で電話とメールだけを使い、墓石選びから細部のデザイン、見積もりと契約、墓石製作・加工、現地での建立、アフターメンテナンスまですべてを行います。カタログを発送し、それを元に電話やメールで打ち合わせをするだけなら、どこかにコールセンターをつくればできます。しかし工事があるので、全国どこからの注文であっても対応できるように、地元の工事店を確保しておかなければなりません。工事店の技量や信頼性も重要です。私の会社も何度か全国を網羅する工事店のネットワークをつくろうと試みながら果たせませんでした。全国カタログ通販をうたっても、例えば九州エリアは除く、などとただし書きを付けたら、看板倒れに終わってしまいます。そのため、先行して全国どこでも施工ができる工事店ネットワークをつくって事業をしている会社がM＆Aの市場に出てきたと聞いたときはぜひ欲しいと思いました。

早速名乗りを上げたのですが、この時はユニークなカタログ販売事業がある程度軌道に乗っているということから先方も強気で、計3社の競争入札になりました。当然、入札で勝つためには競争相手になる2社がどのくらいの札を入れてくるか、公開情報を基に企業分析をして私の会社の提示価格を決めました。2社のうち1社は年商が50億円ほどある上場企業です。ここに勝たなければなりません。結果としては少し高めに札を入れたことになったと思いますが、無事落札することができました。入札という形を経験できたことでM&Aに関するノウハウが一つ増えました。

M&Aで営業圏を一気に拡大

内部留保を積み増すことを無条件に良しとする発想を絶ち、それを積極的な投資に回して企業価値を高めること、同時にそれを基に事業エリアと業種を拡大して、企業としてのリスク管理に役立てること——これが私がM&Aに積極的に取り組んだ理由です。石材とは関連のない不動産事業、測量事業という事業を手に入れ、また、事業エリアも墓石事業を中心に、秋田、青森、山形、岩手へと徐々に広げ、その後は中部圏(愛知県、静岡県)、そしてまったく手つかずだった西日本へと広げることもできました。

西日本の案件は2社が同時進行しました。1社は広島の創業1892年という約130年の歴史をもつ石屋さんです。当時広島では白御影石が採れたことから、これを使って墓石や仏像などを製作、それが現在に引き継がれていました。創業者は石工として著名な人で、神社仏閣などの歴史的建造物に今もその名前が刻まれて残っており、その存在が会社の信頼となっていました。しかし後継者が見つからず、廃業するしかないという状況だったのです。なんとか地元の老舗企業を残したいと思った取引先の地方銀行が、そのネットワークを使って買収意欲をもつ会社がないかと探したところ、私の会社と長い取引のある宮城県の地方銀行経由で、同じ墓石事業を展開している会社が連絡をしてきました。全国をカバーする地銀間のネットワークはすごいものです。話をもち込んできた銀行の担当者は「だいぶ離れているので難しいですか？」と事業エリアが大きく離れることが不安そうでしたが、むしろ西日本には進出したいと考えていたので「西に拠点ができるのはＢＣＰの意味でも大歓迎です」と答えて前向きに検討することにしました。先方の会社と話すと、真摯に石の製作に向き合ってきた初代の精神が今もしっかりと受け継がれており、とにかく地元企業として存続したいという強い気持ちが伝わってきて、私もぜひ買おうと思いました。買収価格の合意もスムーズでした。創業1892年の会社をグループに迎え、一緒に事業が展開できることは私にとっても魅力的でした。

地元の銀行が「なんとか存続させられないか、助けたい」ともち込んでくるＭ＆Ａの話は、その会社がもっている地域にとっての存在価値の大きさを示すものです。希望として出てくる売却価格は決して高いものではありません。この石材店の場合は事業内容が一緒であるという魅力がありましたが、たとえそれが異なっていても、話を聞く価値があるものだと思っています。M＆Aに広く窓口を開いていると、さまざまな企業との出会いが生まれ、会社を経営する者としての大きな学びの機会にもなります。

またこの話と前後して、やはり西日本を営業エリアとする会社からM＆Aの話がもち込まれました。

この会社は墓石の卸をメインの事業としており、1998年に墓石販売店をやらないかともちかけてきた大手墓石卸で、パイロット店（消費者の反応を調べるためメーカーや問屋が試験的に売り出す小売店舗）として店舗をいくつか構えていました。卸が8割、小売が2割という配分です。以前、私が墓石の小売事業に踏み出そうとしていたときに、大変世話になった恩人ともいうべき会社です。

以来20年以上経っていましたが、もち込まれた話としては「会社経営を新社長に譲ることにしたが、卸メインは変わらないものの、小売店も7店舗にまで増えている。しかし、卸と小売の両方では新社長には負担が大き過ぎるので、小売事業を譲って卸業に専念させたい」というものでした。私も広島の会社を買ったところだったので、山陰と四国に点在する7店舗があれば、西日本全体を面としてカバーでき非常に魅力的でした。そこで小売事業だけを相手の会社から切り出して譲渡を受ける形の特殊な形態のM＆Aにして、会社を新設してそこに分割した事業を移設しました。この2つのM＆Aで西日本に多くの拠点を確保すると同時に「新設分割」というM＆Aの新たな手法についてノウハウを得ることもできました。

件数の多さと成功率100％の理由

M＆Aの成功率は一般に3割くらいといわれています。つまり10件買収しても3件程度しか最終的に成功しないということですが、私は2015年以降もM＆Aへの取り組みを積極的に進め、2023年までの8年で9件のM＆Aに取り組みすべて成功させました。2010年の第1号案件から合計で、12社の買収を行いました。情報をもってきてくれたのは仲介会社であり、取引関係のある銀行ですが、実施した件数の多さと、仲介会社任せにせずすべて自分で関わったこと、さらに100％という成功率は、専門の仲介業者や銀行から非常に驚かれました。もちろん一次情報を見ただけで手を出さなかった案件も少なくありませんし、途中で断念した案件もあります。しかし、これぞと思った案件はすべて成功させせました。

M＆Aは買って終わりではありません。むしろ、買ってからが本当の始まりであり、M＆Aを成功に導くのは、買ってからの取り組みいかんというのが私の考えです。ですから買うときも、いわゆるデューディリジェンス（買収しようとする企業の監査）はきちんと行いますし、企業価値の評価に基づく買収価格の決定も慎重に進めます。しかし、私が最も重要視しているのは、買ったあとで一緒に歩いて行く仲間になれるか、ということでした。買収後にしっかりコミュニケーションを取りながら交流し高め合っていける文化を相手企業がもっているかどうかです。ここは定量的な指標で判断できることではありません。しかし最も大事なところだと思っています。結婚を例に取れば、基本的な価値観、ものの好き嫌いは同じであることが大事です。違うところはいくらあってもいいし、あるのが当たり前ですが、それはいい、それはだめというセンスが一致していなければ、高め合っていくことはできません。最初から完璧なカップルなどは存在しないので、要はそれを目指していける関係がつくれるかどうかです。私が「成功した」と言っているのは、その後もグループ会社として存続し成長しているということを含めてのことです。買っても間もなく売ってしまうのであれば、私はそれをM&Aの成功とは思いません。買収した企業が自立・自走するようになり、売上・利益とも拡大し成長軌道に乗って初めて成功です。その意味で言えば、私は金額的に買えるから買うという判断をしたのではなく、買ったあとでその会社をグループ会社として育て、再発進させることができると考えたから買ったのであり、実際、その後取り組みがうまくいったからこそ、M&Aを成功させることができました。ただしこの期間は最低でも3年、長ければ5年はかかりました。短期的に、とにかく売上規模を拡大したいとか、どうしても本業のために欲しい技術がその会社にあるといった限られた目的でM&Aに取り組むのであれば別です。しかし、企業としての基盤を安定させ、従業員や家族、社会のために強い企業にしようという目的で進めるM&Aであれば、じっくり腰を据え新たな企業との出会いも楽しみながら、買収後のエンゲージメントにも力を注いでいくという心構えで取り組むべきです。結婚生活も同じです。双方の気持ちが高まって勢いで結婚するのは簡単です。むしろ大事なのは結婚後の共同生活を維持していくことです。買収後の取り組みこそ、M&Aを成功に導くポイントです。

テレビ会議システムで結束を強化

M＆Aでグループに加えた会社や従業員とのコミュニケーションについては独自の工夫を重ねました。それもM＆Aを100％成功させた要因です。まず私はM＆Aで一緒になった企業には、真っ先にテレビ会議システムを導入しました。

コロナ禍でテレワークが一気に広がり、Zoom や Google Meet を使ったWebミーティングは当たり前になっています。確かに時間を決めた会議などはWeb会議システムで対応が可能ですが、ユーザーごとのアカウントや会議ごとのURLの設定が必要になるなど手間がかかります。また画像や音声の質も決して高いとはいえません。しかしテレビ会議システムであれば、専用のシステムで拠点間を常時接続するので、デバイスの種類を選ばず、いつでも簡単に接続でき専用の高性能カメラやマイクがオフィスや会議室にセットされているので、画像や音声も非常にクリアで、見たいところにズームインしたりすることもできます。

テレビ会議システムでつなぐと、1つの会議室で一堂に会しているかのような臨場感があり、距離が離れているグループ会社を訪ねなくても、対面して話しているのと変わらない密度の濃いコミュニケーションが可能です。グループの各社でもし困ったことがもち上がったら、すぐにテレビ会議をつないで私に相談してほしいと伝えています。話だけなら電話でもできますが、ちょっと書類を見せてほしいとか、部下を呼んで一緒に話そうとか、従業員の表情も見ながらコミュニケーションが取れます。単なる一システムに過ぎないのですが、M&Aの成功は、このテレビ会議システムの導入が大きな支えであったことは間違いありません。

徹底した経営理念の共有

グループとしての結束の強化も私が重要視したことの一つです。私の方針は各社の独立性の高いグループ経営でした。しかしだからといって、最終の売上・利益の数字だけを期末に足し算してそれが目標に達すればいいとは考えていません。縁あって同じグループに所属しているのです。それぞれ別会社に属するとはいえ、従業員がグループとしての共通の目標や同一グループのメンバーとして自覚をもち、自社のみならずグループの成長を目指すという意識をもつことが必要です。そこにお互いに協力し切磋琢磨していくという意識が生まれ、グループの結束も高まります。そのために私が取り組んだのが経営理念の浸透でした。

業種が異なりビジネスモデルも違うことから、各社の経営方針や重点活動の内容は少しずつ異なったものになります。しかし経営理念についてはまったく同じにしました。それらをクレド（信条や行動指針）としてまとめ、常に携帯できるカードサイズにしてグループの全従業員に配りました。

特徴的なのは冒頭に「社員への約束」を掲げたことです。現在の会社はM＆Aで拡大した企業グループとして存在しています。創業以来のコアメンバーが少しずつ大きくしてきたという会社ではありません。歴史も社風も異なる企業の集まりであり、トップである私のことも全従業員がよく知っているというわけではありません。どういう人間であり、どんな思いで会社経営に当たっているのか、特に従業員に対してどういう考え方をもっているのかということはグループに集う全従業員の大きな関心事です。そこで私はまずクレドの冒頭に掲げた「社員への約束」で、私の企業グループは社員こそが最も大切な資源であると考えていること、そのため多様性を尊重し、一人ひとりが充実した生活を送り個人の志を実現し可能性を高める職場環境を育んでいくことに力を入れていること、さらに社員の将来のために才能を育成し最大限に伸ばすことを目指しているということを明らかにしました。

それに続く経営理念でも「ひとりではない、仲間がいる」という一項目を設け、グループにはたくさんの会社や部門、事業部があるが、仕事の内容や所属が違っても私たちは1つのグループに集う仲間であり、不足しているところを補い合い、協力し合い、応援し合う、ということを明らかにしました。M＆Aで拡大した企業だけに、こうしたトップの考えの表明と一体感の醸成は組織強化の最も大切なポイントだと考えています。この従業員の意識改革なくして、M＆Aによるグループ経営はできません。

会社の枠を越え横断で評価

グループ経営に当たって私が工夫したものに会社横断の「部門別決算」があります。こういう取り組みをしている企業があるかどうか細かく調べたわけではありませんが、私は耳にしたことがありません。珍しいものだと思います。グループの結束を高めると同時に各社の業務改善・利益向上を実現するもので、非常に大きな効果があります。

部門別決算というのは、グループ各社に部門別の横串を刺し、部門ごとに共通の基準で決算数字を出してランキングするというものです。グループ各社はいずれも代表取締役は私ですから（現在は私が退いた会社もあります）、会社単位で売上や利益を競っても意味はありません。もちろん、事業規模もビジネスモデルも異なっています。極端に言えば決算が良ければ「良かったね」、悪ければ「残念だったね」で終わりということです。

しかし、営業部門、販売部門、製造・製作部門、施工管理部門、広報・広告部門、総務部門、経理部門など、それぞれの部門がどのように仕事をしてどれだけ稼いだか、いかに会社の利益に貢献しているかということは比較する価値があります。「利益が増えた」といっても、それは営業や販売が頑張ったのか、施工管理がうまく機能してより多くの工事を進めることができたからなのか、あるいは業務効率が劇的に向上して経費を大幅に削減したことが奏功したのか、いろいろな理由があり、部門別に数字を細かく出せば、何が貢献したのか、次はどこを強化すべきか、方針も見えてきます。そして、部門別の数字を横並びで比較すれば、会社全体という漠然とした数字ではなく、各部門がどうか、その評価ができます。

ただし、この比較は簡単ではありません。

例えば墓石販売を例に取ると、墓石は各店舗で仕入れ、販売して売上を計上します。ここまでは明快ですが、施工チームは各店舗にいるわけではなく、本社部門の中に何チームかが存在しています。そのため各店舗は、本社の施工部門に、あたかも外注に出すようにして工事を発注することになります。実際にはお金のやり取りはありませんが、各店舗はその費用を計上し、本社施工部門は受注した金額から経費や材料費を引いて売上として計上することになります。これで部門としての売上が数字として出てきます。「内部振替制度」と名付けました。

もっと難しいのは伝票の集計や勤怠管理・給与計算などをしている間接部門です。間接部門はプロダクトをつくっているわけではなく、「稼ぎ」は数字には出てきません。しかしここでも「内部振替制度」の活用で「稼ぎ」として見える化しました。

例えばもし営業部門がメンバーの労務管理や部内の経費処理をはじめとする間接業務を外部にアウトソーシングしたらどれくらいの費用になるのかを計算するということです。社内各部門も同じようにすれば、それが間接部門の売上になります。間接部門が何人いてどれだけ売り上げているかが数字として見えてくるのです。この売上から自分たちの給与や経費を引いて残ったものが間接部門の最終的な利益です。

元々間接部門は「稼ぐところではない」という意識になりがちで、稼いでいる部門の足を引っ張りかねません。しかしこのように内部振替をすれば稼ぎが数字になり、さらにグループ内他社の同じ部門との比較ができます。これも単純な数字の比較では事業規模の大きいほうが自動的に大きな数字になるので、会社の規模や事業内容によって各部門をA、B、Cと格付けをしました。部門は大きな会社では14から15部門あり、小さな会社では3部門というところもあります。グループ17社全部では70から80部門あり、A格の1位が最も成績が上位ということになります。報奨制度にも連動させ、目標を達成し部門上位に進んだところには表彰状や賞金を出しました。

部門別決算はなんとか実現したいと、仕組みや計算方法を自分で工夫してつくり上げたものです。私は教員出身で経営の知識はなく最初は財務諸表も読めませんでした。しかしそれが逆に、部門別決算という従来にない考え方を生み、無謀なことと諦めずになんとか実現にこぎ付けました。しかもこのスタイルはM&Aを通じたグループ会社の経営に欠かせないものでした。

私以外は役員も含め全員がどこかの部門に所属しています。部門別という意識の定着によって単純な会社間の比較はなくなり、従来の会社単位のどんぶり勘定で判断する人はいなくなりました。「なぜA社の間接部門はうちより稼げているのだろう?」と、同じ部門の責任者や支店長や部長、課長までが経営意識を持ち、自社・自部門を振り返るようになったのです。

グループ内の部門間交流や階層別研修を実施

部門としての成績が見えるようになってくると、同じ部門同士で「あちらはどういう工夫をしているのか」「どんな課題があるのか」ということへの関心が高まりました。特に営業や販売部門の間では、お互いのことを知りたいという意欲が高かったことから、会社横断で部門別の交流会を定期的に企画・開催するようにしました。また、同じく会社横断で階層別の研修も実施していきました。

当初はグループ会社相互の交流は少なく、また何かのイベントを企画するにしても、ただ一人すべてのグループ全社を知っている私を経由することになっていたのですが、部門別決算の導入をきっかけに現場の部門同士の交流が盛んになり、従業員同士が自主的に企画し開催するものも増え、私は事後報告を受けるのみというケースも出てきました。私自身の負担軽減にもつながり、こうした現場レベルでの交流促進はグループ経営にとって非常に重要なポイントです。

従業員相互の自主的な交流や業務上の切磋琢磨が、経営陣が企画しなくても従業員の側から自然発生的に行われるようになったことを、私は非常に頼もしく思いました。私がM&Aの展開で毎年のようにグループ企業が増えていくなかで大切にしてきたのは、一つの経営理念のもとでの従業員の結束であると同時に、協調性と多様性を大切にするということです。同じ部門での競争や競合はあってよいと思います。それこそが切磋琢磨を促します。しかし同じ種類の考え方や一つの方向だけを正しいものとしてほかを見る余裕を失ったり、あるいは偏った同胞意識や内向き思考に陥ったりすることには私は反対です。それが生まれてしまうような部門間競争はすべきではありません。従業員一人ひとりが異なった見方や考え方をもち、グループ各社の各部門一つひとつには、それぞれに合ったやり方や進め方があって当然であり、その多様性を尊重しなければならないと思います。一つに結束しているから強いのではなく、多様だからこそ強いのです。人を石にたとえるのは適当ではないかもしれませんが、石にもさまざまな種類があり、性質があり、色や模様があります。一つとして同じものはありません。しかしだからこそ石には魅力があります。

違いがあるからこそ個性が際立ち、石としてそれぞれが魅力を発揮し、「石はいいね」と言ってもらえます。これがもしすべて同じであったら、どんなに美しく高い機能性をもったものでも振り返られません。

多様なものが多様であることを価値としながら大きなまとまりとなり一つの目標に向かって進む組織が最も強いのです。私はそういうグループ企業体をつくりたいと思っていました。

M&Aがもたらした価値

私がM&Aで買収した会社は2023年9月の時点で12社になり、グループ全社の従業員総数は400人に上っています。グループ全体の17社が黒字経営を続け、しかも部門別の交流などを通して各社の経営改善も大きく前進し、グループの資産総額は130億円にまで拡大、年間売上も80億円に達しています。

しかし、内部留保を活用したM&Aの積極的な展開の成果は、事業の多角化と拠点の全国分散を実現し、自社グループの安定と企業価値を高めたということにとどまりません。

それは経営者としての私に、今どういう企業経営が必要なのか、その方向性を見せてくれたことです。

M＆Aの展開は、自分の会社は1つであることが当たり前で、そのことを疑ってみることもなかった私に、そのような過去を絶つことの意味と魅力を教えてくれるものでした。平たく言えば、こんなにいろいろな会社があり、いろいろな経営者がいるのだという発見です。父の会社に入り、間もなく自分で経営するようになって、終始一貫、会社といえば自社一社があるだけでした。業務の必要上、出会う会社はありますが、それは常に自社から見た、業務遂行に関わるサプライチェーンの中で利害関係をもった存在です。

絶つことは、何もかも捨ててゼロになるということではなく、孤立することでもありません。今まで知らなかった新しい世界との関係をつくることです。これまでの日常や習慣からは決して出てこないものに出会うことです。絶つからこそ出会えるのです。

実際M＆Aの遂行は、業種に一定の枠を設けてはいたものの、実に多くの会社とフラットに出会う機会になりました。「こんな事業をこんな考えでこういう人たちがやっている」ということに次々と出会うのがM＆Aです。未知のもの、多様なものとの出会いの連続なのです。

確かに異業種交流会のようなものに行けば社長との名刺交換はでき、自分の知らない事業の話も多少は聞くことができます。しかしそのような出会いとはまったく違う深さで、一つの歴史をもち意思をもった生々しい存在としての他社にまるごと出会うことができる。一つのサービスや商品との出会いではありません。経営者として貴重な体験であり、さらにそれを仲間に加えてグループとして歩んでいくかどうかを考えるのは、非常に魅力的なことです。1社を経営するということと複数の会社を傘下に収めてグループとして経営するということはまったく違う世界であり、経営者としての視野を一気に広げてくれるものでした。自社を起点とした発想では、自社の過去と自社から見える範囲にしか目は届きません。そのような自社起点を絶つものこそM&Aの取り組みがもたらす価値であり、多様なものとの出会いのきっかけをつくるものです。

他社を知ることで新たな一歩を踏み出す

M&Aの取り組みは同時に、新しい未来を見る機会でもあります。VUCAの時代といわれるなかで私たちが生き延びるために求められているのは、自分の過去、自分の市場、自分の技術や商品を見ることではなく、それとは非連続の世界に目を向け、思い切ってそこに出て行くことです。自分がもっていない技術、自分がまったく知らない市場に挑戦することは勇気がいります。慣れ親しんだ世界で、数字を積み上げることを考えるほうがよほど楽です。しかし、現在は自分の市場だと安心していた場所が、新たな技術やビジネスモデルによって足下から崩されてしまうかもしれないという時代です。

デジタル化の急速な進展を見て写真フィルム市場の縮小をいち早く予測し、デジタル事業に舵を切って成長を続けた富士フイルムの例はよく知られています。まだ写真フィルムの売上が好調で、自社の圧倒的な主力製品であったときからデジタルカメラと関連製品の開発に取り組み、世界初のメモリーカード記憶型のデジタルカメラを開発、その後世界初となる量産型デジタルカメラを販売しています。デジタルカメラは売れば売るほどフィルムの売上を縮小させ、自社の利益を削ぐものです。実際、世界の写真フィルム市場で富士フイルムとシェア争いをしていたトップ企業であるイーストマン・コダックは、デジタルカメラの技術を世界で初めて発明していながらデジタルカメラの製作・販売を躊躇し、その後フィルム市場の急速な縮小のなかで経営破綻を余儀なくされています。しかし富士フイルムはデジタルカメラの販売を伸ばすだけでなく、開発の過程で培った新技術を既存の市場や新たに開拓した市場に展開しました。医療用のデジタル機器や画像情報ネットワークシステム、さらには医薬品や化粧品、サプリメントという製品を自社の主力商品に育てあげ、写真フィルム市場の縮小を尻目に大きな成長を遂げました。

これは世界的な大企業の典型的な例ですが、中小企業の世界でも同じことは起こり得ます。未来が予測不可能であれば、チャンスが来たときにいつでもその方向に走り出せるタネをたくさんもっていなければならないと思います。それは自分が知っている世界にとどまり、一人で部屋のなかで考えていても手に入れることはできません。突然ひらめくということもありません。その点、M&Aに取り組みさまざまな企業を知って刺激を得ることは経営者にとって大切です。大企業であれば、多様な人材がいて、社内でもユニークな発想やアイデアに出会えるかもしれませんが、従業員数が限られた中小企業では期待できません。未知の企業にたくさん出会い、世界を広げることは現在の中小企業経営者にとって必須のことではないかと思います。〝M&A経営〟という言葉があってもいい。それは確実に柔軟で強い企業グループをつくり、強い経営者を育てます。その新しい道に踏み出せるかどうか、それは過去を絶つ勇気です。

第5章

「オーナー経営」を絶つ

事業承継・資産承継の新しいスキームを開発して次世代へつなぐ

オーナー経営は魅力があるが限界も

私がM&Aなどを通して確実に成長を実現してきた自社グループの、さらなる成長のために貫いた「絶つ経営」の4つ目は、創業者の父から私へと受け継がれてきた「オーナー経営」そのものに終止符を打つことでした。

創業社長が会社を引っ張り、その子どもや親族が二代目社長に就任し、同時に自社の大株主となって経営や人事の全権を握って会社を運営するオーナー経営は、中小企業の多くで見られる経営形態です。その比率は中小企業の7割以上に上っています（「2018年版　中小企業白書」）。意思決定や行動の速さ、果敢なチャレンジや強いリーダーシップ、自社や従業員に対する強い愛情と責任感、人間的な魅力を前面に押し出して築いた信用力など、オーナー経営ならではの魅力は少なくありません。

しかしその反面、オーナー経営者は自分の経営者としての能力に過剰な自信をもったり、常に自分の意思や判断を最善と考えて人の意見に聞く耳を持たなかったり、意見を異にする役員や従業員を冷遇したり、といった独善的な行動に陥りがちです。その結果、経営者に意見をする人間は徐々に去って、いつの間にかまわりはイエスマンばかりになります。会社全体がオーナー経営者の顔色をうかがい、その指示を待つ人間の集団と化して革新性や創造性を失うといったことも起きてしまいます。実際私は、オーナー家の必要以上の執着やこだわりが、企業の存続そのものを危うくしたというケースを数多く見てきました。私自身を振り返っても、父、私と二代にわたって懸命に育て、守ってきた会社です。当然思い入れは深く、自分たちのもの、一族のものという感覚にとらわれることもないとはいえません。一族以外の人間が経営に関与することはなかなか想定できず、会社はもう一族のものではないと割り切ることは簡単ではないのです。

しかし、あえてその執着を絶ちました。たまたま私には息子がいなかったという事情もありますが、それでも同族経営を維持しようと思えば方法はいくらでもありました。しかし、それをしてはいけないと思いました。すでにグループは拡大し、従業員は合わせて400人近くになっています。グループの未来は一族のためにあるのではなく、発展を願っているのはすべての従業員です。オーナー経営は市場環境が安定し、創業以来の商品やサービスの市場における優位性が維持され事業が安定している状況では強いです。しかし外部環境の大きな変化のもとで従来の枠を超えた発想やチャレンジが求められる事業環境のなかでは弱さが出ます。オーナーにはどうしても自分がつくってきた過去を大切に思う意識が強くあり、過去のやり方を踏襲すればうまくいくという思い込みが強くあります。これでは従来と断絶した取り組みは起こりようがありません。絶たなければ新しいものは見えてこないのです。

オーナー経営を絶つという選択肢

従来のビジネスモデルを覆す革新的な技術の登場や、時代意識の大きな変化など、過去に例のないような事業環境のもとでは多様性をもった集団がさまざまな意見をぶつけ合い、試行錯誤しながら新しい方向性を見つけていかなければなりません。多様性こそ環境変化への適応力の源泉であることは、生命の歴史を見ても明らかです。突然変異によって環境への適応力を手に入れたものが生き延びることができたのであり、変わることができなかったものは淘汰されました。しかし、オーナー経営は多様性を排除し、自分と同種のものだけに純粋化することをむしろ強みとするものです。

後継者が育たないことも、オーナー経営の限界の一つです。正確にいえば、創業オーナーと異なるタイプの後継者が育たないということです。創業オーナー自身が手掛けてきた事業の実績に裏付けられた自信、自社への強い愛情は、自分と同じ発想、同じ行動原理をもち、同じことができると思われる人間への評価につながり、それ以外の人間を認めません。それを認めることは自己否定につながってしまいます。

後継者に求めるオーナーの要求は過大になり、その眼鏡にかなう人物は家族のなかにすら見いだしにくくなります。「自分はやってきた、自分ならできる」「やっぱり自分でなければだめだ」。多くのオーナー経営者が「いつまで俺に頼るつもりなんだ」「もう引退させてくれ」などと口ではこぼしながら、実はまんざらでもないという表情で、現場の指揮を執り続けています。

オーナー経営がすべて悪いとは思いません。しかしそれには、あらゆることがそうであるように良い面と悪い面があり、良い面が出たのは戦後の特異な現象であった生産年齢人口の急拡大という人口ボーナスによる、経済の急成長という背景があったからです。それが消失して人口減少社会になり、時代の先行きが見えないＶＵＣＡの時代のもとでは、逆にオーナー経営の悪い面が出ます。

今や中小企業が抱える経営課題の最大のものといわれる後継者不足は、実は、後継者がいないのではなく、現在のオーナーが後継者にバトンを渡そうとしていないからです。「あいつはまだ無理だ」「いざというときの決断ができない」「人の心をつかめない」などと指摘し「まだ自分に代わるに足る人物はいない」と言い続けているうちに年齢を重ね、子どもたちは自分にはやりたいことがあると離れていった、親族外に力のある者は残っていなかった、というのが「後継者不足問題」の隠れた実態ともいえます。

自分が一人で築いてきた、自分だからできたという過剰な自信は絶つべきです。そこからは何も生まれません。それを絶ったときに初めて、周囲にいる人の多様性や魅力が見えてきます。自分一人の力で進んできたのでもないことが分かるはずです。私自身、オーナー経営は父と私の二代で終止符を打つ、同族を離れ志と意欲をもった経営陣が力を合わせて担っていく会社に切り換えると決断したときに、経営体制をどう変えていくか、それを冷静に真正面から考えることができるようになりました。

より広い視点をもって後継者を選ぶ

日本の中小企業において後継者不足は深刻の度を増すばかりです。

経営者の年齢別にみた後継者不在率

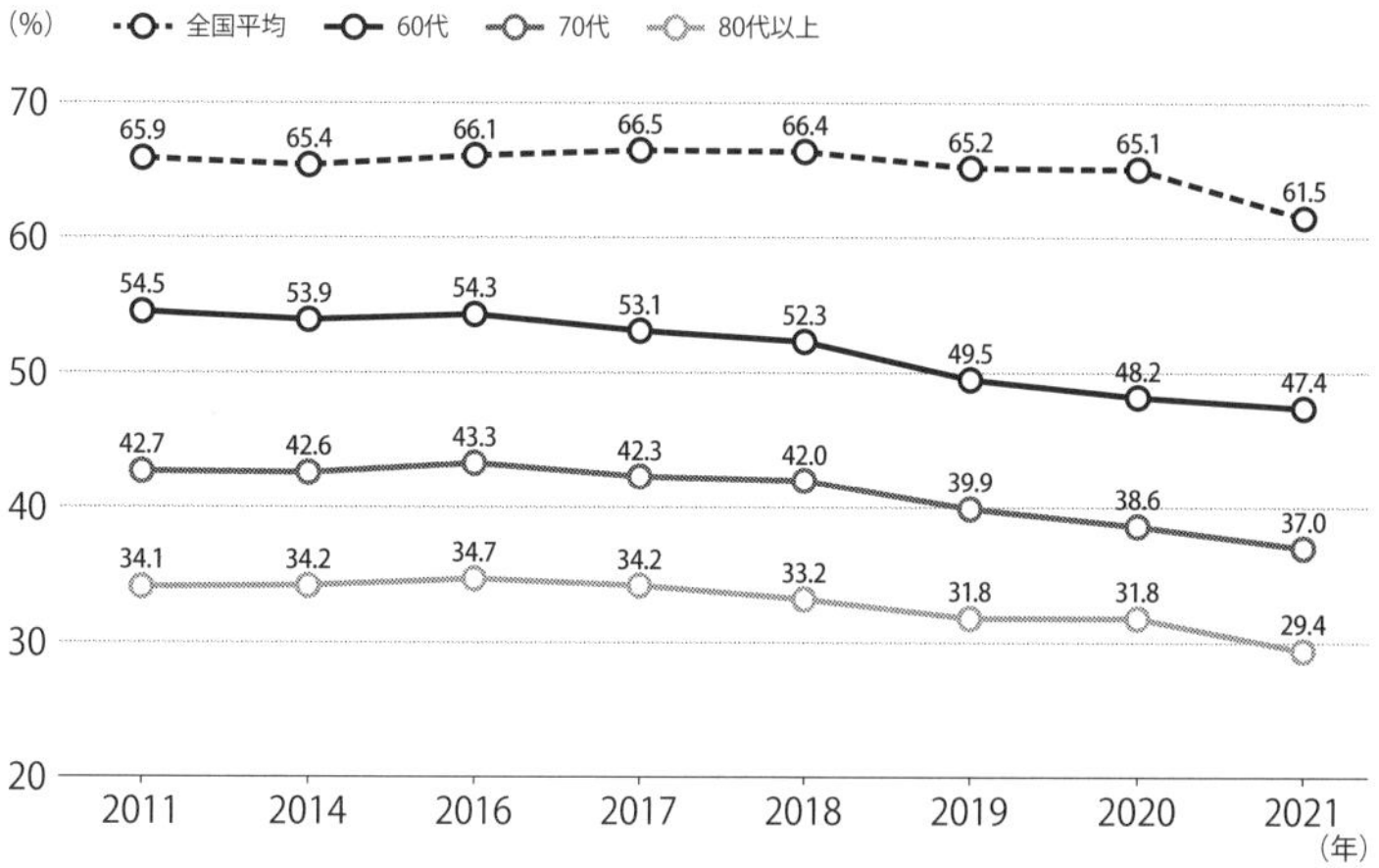

出典：中小企業庁「事業承継ガイドライン（第３版）」

60歳代の経営者で後継者がまだ決まっていないという人は半数近くに上り、70歳代の経営者でも４割近くが、後継者が不在だと回答しています。

これまでなら当たり前のように家業を継いできた家族内の後継者候補が事業を継続したがらない、という傾向も強くなっています。背景にあるのは「仕事を選ぶのは個人の自由である」という社会的な意識の広がりであり、戦後間もなく創業した旧来型の製造業や小売業に魅力が感じられなくなっていること、すでに職業をもちそれに面白さを感じていること、経営者という責任の重い立場を敬遠する意識の広がりがあるといわれています。特に中小企業におい

後継者の決定状況

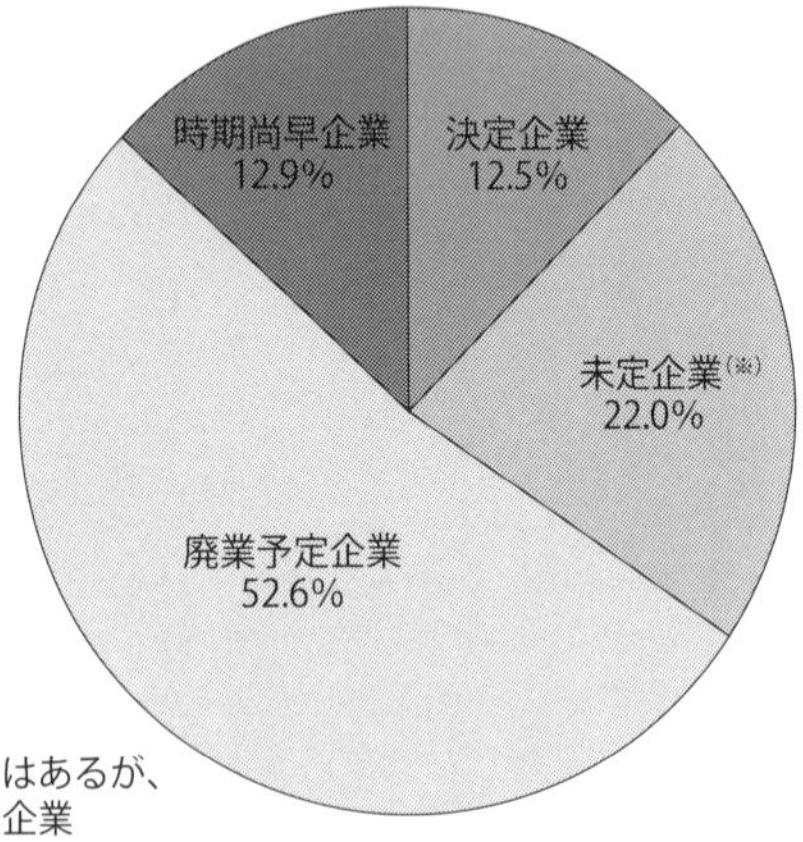

※事業承継の意向はあるが、
後継者が未定の企業

(n=4,759)

出典：中小企業庁「事業承継ガイドライン（第3版）」

ては、社長個人が借入資金の連帯保証人になっているケースがほとんどです。当然、この個人保証も引き継ぐことになります。事業が普通に回っていればなんの問題もありませんが、オーナー企業を継ぐことは同時に万一のときには自分も家族も大きな負債を抱えるという環境に飛び込むことであり、それには勇気がいります。家族の反対は大きく、今の勤めが順調であれば、危険を冒したくないと思っても不思議はありません。

　そして従来なら自然に後継者になっていた家族の離反のもう一つの背景に、「まだまだ自分のあとを任せられる人間がいない」「自分と同じようにできなければだめ」と

廃業予定企業の廃業理由

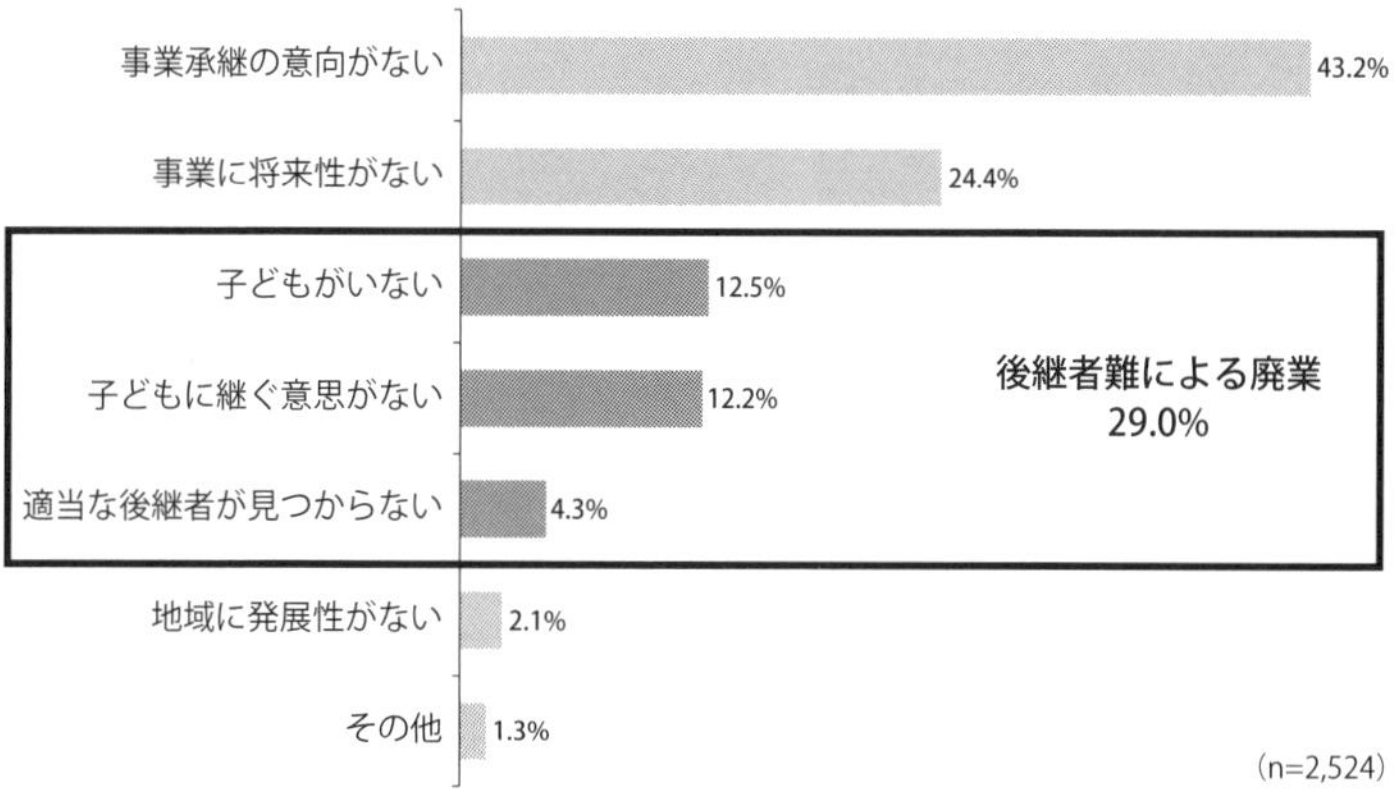

出典：中小企業庁「事業承継ガイドライン（第3版）」

いう初代オーナーの思い込みがあります。

初代オーナーから人が離れていった結果が、高齢になっても後継者が決まっていない経営者が圧倒期に多いという現状であり、廃業の選択も増えています。

日本政策金融公庫総合研究所が2020年に公表した調査によれば、調査回答企業4759社のうち、実に半数以上が「廃業を予定している」と回答しています（「事業承継ガイドライン（第3版）」中小企業庁）。さらに廃業理由を聞くと、「事業承継の意向がない」（43・2％）、「事業に将来性がない」（24・4％）という回答が上位を占め、次いで「子どもがいない」（12・5％）、「子どもに継ぐ意思がない」（12・2％）、

同業他社と比べた業績

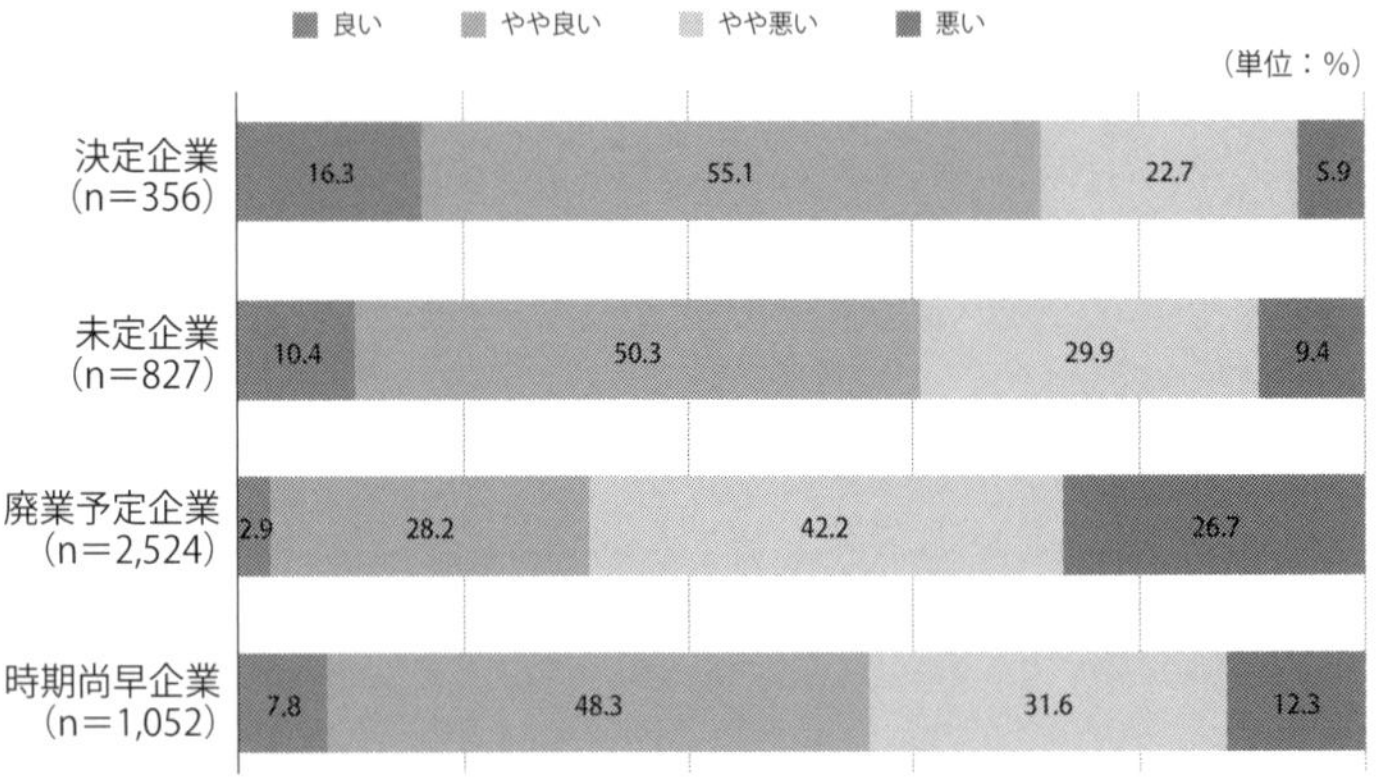

出典：中小企業庁「事業承継ガイドライン（第3版）」

今後10年間の事業の将来性

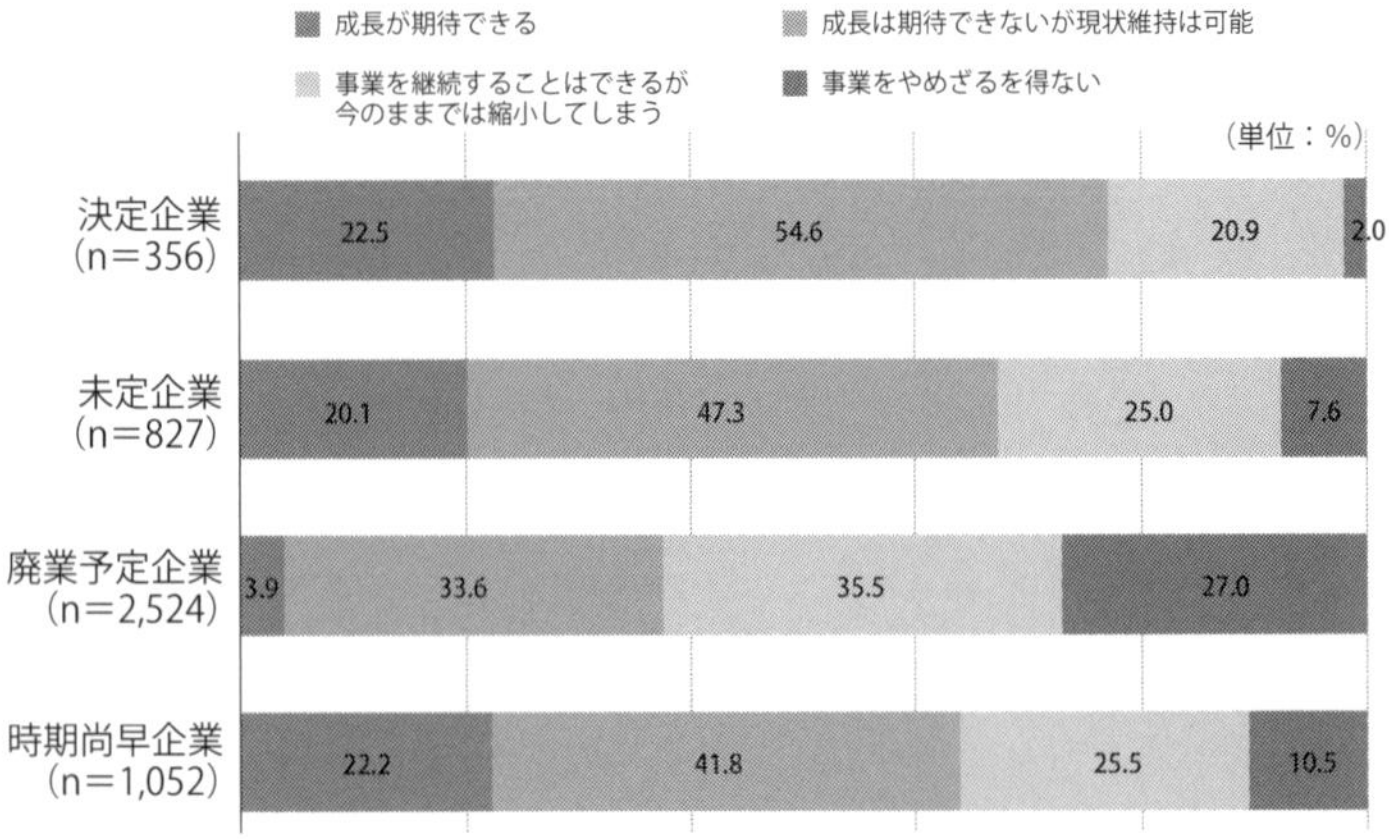

出典：中小企業庁「事業承継ガイドライン（第3版）」

「適当な後継者が見つからない」（4・3％）となっており、後継者難による廃業が29％と、全体の3割近くを占めているのです（出典同上）。さらに驚かされるのが、廃業決定企業が同業他社と比べた現在の自社の業績について「良い」（16・3％）、「やや良い」（55・1％）と、合わせて71・4％が回答しており、今後10年間の事業の将来性についても「成長が期待できる」（22・5％）、「成長は期待できないが現状維持は可能」（54・6％）と全体の77・1％が回答しているということです。つまり廃業決断の理由は業績やその見通しではなく、圧倒的に後継者不在というところにあるということです。

調査データを見ても、中小企業の後継者問題は深刻です。黒字経営でも、当面事業推進に不安はなくても、廃業するしかないという企業が圧倒的に多くなっているのです。それぞれの中小企業には、創業者の熱意や事業を一緒に支えてきた役員や従業員の思い、消費者や地域との関係など、さまざまなものがあります。しかし、廃業すればすべてが失われてしまいます。歴史ある中小企業の廃業の選択は、簡単になされてはいけません。アイデアや工夫で今の時代に新たな価値を提供していける力を持っているはずだからです。

オーナーは今、自分でなければ、あるいは自分と同じでなければ後継者にはなれないという思い込みを捨てて、第一線から意識的に去っていくべき時だと私は思います。

私自身も、親から受け継いだ会社をなんとか安定させ、社会の公器として従業員や地域社会、取引先が安心し信頼して一緒に歩んでくれるように経営に携わってきました。ずっとオーナー家の一人として経営を続けてきましたが、オーナー経営には終止符を打つべきだと思いました。

今は、一人が何もかもを判断するオーナー経営が力を出せる時代ではありません。これからはますますそうです。しかもM&Aを通じてグループが拡大し、企業価値が飛躍的に高まり、社会的な影響力も大きくなっている以上、私個人のレベルで経営を譲りたい譲りたくないということを語ることはできません。責任をもって次の世代に渡し、企業グループとしての社会的な責任を果たし続ける体制を取らなければならないと思いました。

ホールディング経営でグループが成長

私がオーナー経営を絶つためにまず行ったのが、持株会社の設立によるホールディング経営への移行です。なし崩し的に大きくなったグループを組織的に整備することが必要だと考えました。

内部留保を積み上げることをよしとする経営手法を絶ち、積極的にM&Aを展開しながら、私は複数の異なる事業をもつ会社が連結して事業体を構成するグループ経営を行っていました。最も歴史の古い建築石材事業と、その後新たに育てた墓石事業を展開するのが父が創業し私が受け継いだ中核会社で、ほかにM&Aで買収した不動産会社や測量会社、墓石・霊園事業会社、さらには中国との貿易事業を行う会社や納骨堂事業を行う事業組合など、2018年の時点では合わせて12社となっていました。初めてのM&Aからわずか9年で、グループ合計12社、従業員300人へと短期間に大きくなった企業体であり、組織体制の整備は急務でした。

日本の法人企業の圧倒的多数を占める中小企業の安定と成長が、日本経済の推進力として欠かせないと考える国が積極的にサポートしていることもあり、中小企業間のM&Aは珍しいことではなくなっています。買収して親会社に統合したり、グループ会社として抱えたりするケースもありますが、どちらにしても従来自社になかった事業や組織、歴史・文化をもつ他社と共同で業務を展開していくことになり、組織的な一体感や意思疎通、ガバナンスの徹底は大きなテーマです。しかし、買収する側の企業も決して大きな規模をもつわけではなく、管理部門も小さいことがほとんどです。そのためM&Aで組織を拡大していく多くの企業が、グループとしての一体的な経営に課題を抱えているケースが少なくありません。買収元となる企業の規模が大きく、小さな会社を吸収して自社と一体化させ自社が存続会社となるのであれば、一体化の取り組みはそれほど難しくありません。親会社の業務システムや管理体制、文化のもとに包摂していけばいいからです。しかし、私の会社が目指したような買収先の会社の独立性を尊重した緩やかなグループ経営という方向性で進む場合、グループとして相互に関連性の低い複数の事業を所有していることによるリスク分散といったメリットは大きいものの、グループとしての一体感醸成の難しさやグループ各社の対立、複数の管理システムの混在などといったデメリットもあります。

実際私のグループでもM&Aを通して外部経営環境の変化に強い企業グループにはなりましたが、短期間で拡大したグループであるために生み出される課題もありました。

グループのあり方を見直す

私のグループは、次々と新たな会社が加わり連結した事業体になっていったことから、いわば大きなカゴにさまざまな会社が次々と投げ込まれたような状態だったのです。共通の経営理念のもとでの従業員の一体化の追求や、企業の枠を超えた部門別の切磋琢磨や交流なども行ってきました。しかし、中核会社も事業をもっていましたし、各社の経営の推進について私の関わり方に濃淡があり、最も歴史のある中核会社と他社の関係が上下関係になりがちであるなど、成り行きで拡大してきた組織の問題点も見えていました。中核会社が親会社のようになり、独立採算とはいいながら、M&Aでグループに加わった会社がいわば子会社のようになっていたのです。多様な事業会社が集まったグループの中に、さまざまなものが交ざって、このままでは、せっかくのグループとしての価値や力を発揮することができません。改めて明確な考え方のもとで整理する必要があると思いました。ポイントは各事業会社の経営と所有を明確に分けることです。

そこで新たに持株会社を設立し、その下に完全独立採算制の事業会社11社を置くことにしました。私は持株会社のホールディング本部でグループ全体を俯瞰しながらバランスを取り、事業会社各社はより自由にそしてスピーディーに現場判断を下しながら、自社の事業を責任をもって運営するという体制を整えました。従来の中核会社が進めてきた事業は、建築石材事業については新たな持株会社に残しましたが、墓石・霊園事業は新たに事業会社を設立してほかのグループ会社と同じ位置でホールディング会社の下に入ることにしました。

持株会社とその傘下のグループ会社という位置づけを明確にすることで、私も、またグループ各社の経営陣も非常に動きやすくなりました。各事業会社における現場判断はより尊重されるようになり、スピーディーな意思決定が可能になりました。私自身の立ち位置も明確になりました。ある種の事業が外部環境の変化などにより業績が低迷するようなことがあれば、ほかの分野の事業を伸ばすような戦略を考えることができます。業績を落とした分野も、グループ内である程度カバーしてもらえると分かれば、目先の数字の回復に焦ることなく、低迷の原因をじっくりと分析しながら新たな手を打つこともできます。

グループとしての輪郭が明確になることで事業会社相互の連携の意識も高まりました。自社の業績向上だけでなく、その先にグループ全体としての成長を目標として意識できるようになり、グループ内で低迷している分野があれば、それを自社の成長で補っていこうという広い視野をもつことができるようになったからです。それをグループ社員全員に共有してもらうため、2018年3月20日に帝国ホテルを会場に、当時の全社員300人と取引先の来賓を加えた計400人で、大々的に経営体制の発表を行いました。

オーナー経営者の自分に立ちはだかる承継の壁

しかし、ホールディング経営の体制を明確にした時に改めて可視化されたのはホールディングのトップである私個人の守備範囲の広さでした。頭の中では分かっていたことですが、改めて絵に描いてみると、私個人があまりにも強い権限と責任をもっていることが一目瞭然で、しかもホールディングの同じ立場でグループを見る人間はいませんでした。このままでは本当にまずいと実感したのはこの組織図を見たときです。私も二代目社長が直面する事業（経営）と資産のそれぞれの承継という大問題に、しかもあまり時間の猶予もないというなかで直面していたのです。

私のグループは、いわゆるオーナー経営の会社です。私の親族や子どもこそ経営陣には加わっていませんが、私が持株会社を通してグループ各社の全株式を所有しています。経営の推進という点では、いったん私は代表権をもつ取締役に就任し、その後、可能だと判断できたところから生え抜きの役員に社長を任せるようにしてきました。最大では当時11社すべての代表でしたが、少しずつ委譲し、ホールディング経営体制にして以降はさらに委譲を進め、私が代表を務める事業会社は当初の半数以下になっています。しかし私が全株式を保有していることに変わりはありません。

グループが少しずつ拡大していく過程ではあまり気にしていなかったのですが、ホールディング経営にして組織と資産を整理してみると、改めて私個人への権限の集中ぶりを見せつけられる思いでした。今後も傘下の事業会社は増えていく可能性があります。これから想定される私自身の事業承継や資産承継を考えたとき、大きな問題があると思わずにはいられませんでした。

私が入社してから約40年が過ぎ、社長になってからも28年が経過しました。しばらくすれば私も70歳に手が届きます。事業承継を本気で考えていかなければなりません。私がM&Aで買収した会社の半数以上が、廃業を決断した多くの企業同様、事業そのものは決して赤字ではなく、むしろ継続して利益が出ているにもかかわらず、後継者が不在のために会社を譲渡せざるを得ないというものでした。従業員や取引先のために畳むことはできないので、なんとか買ってもらえないかというものだったのです。その窮状を救いたいという気持ちもあってM&Aを進めてきた私が、同じ問題に直面して承継に問題を生じさせることはできません。

私の子どもは娘が2人ですでに嫁いでいます。配偶者はそれぞれ仕事をもち、私の会社には一切関係がありません。私には後継者がいない状態です。グループ各社には優秀な経営者がいます。彼らは自社の事業である石材のこと、墓石のこと、あるいは測量のことが分かり、建設コンサルタントの仕事ができ、不動産が分かる人たちです。それぞれ自社の事業は熟知していて経営はできるのです。

しかし私と同じようにグループ全体を見て舵を取っていける人はいません。私は自社の事業運営で、あるいはM&Aを通じて、すべての事業を見てきましたから、最初はまったく知らなかったものも含め今は全部分かりますし、異なる事業を束ねて経営するということを長年経験してきました。ところがグループ内には個別事業の専門家はいても、全体を見ることができる人間はいないのです。私がつくってこなかったといえばそれまでですが、ホールディング経営にしたあとも、持株会社に幹部候補生を集めるということはしていません。目の前の経営に精いっぱいで、まだ、次をどうするかということに思いを巡らせる余裕はありませんでした。気がついてみたら60代も半ばを過ぎていた、というのが実情です。

同じ思いの経営者は多いはずです。平均寿命も延びて、90歳代でかくしゃくとした人は身近にいくらでもいます。100歳を超える長寿もそれほど珍しくなくなりました。最近の報道でも、100歳以上の高齢者は9万2139人となり、53年連続で前年を上回っていることが厚生労働省の集計で明らかにされました。しかもそのなかには現役で活躍している人もいるのです。60歳なら100歳まで40年もある。まだ若いといわれるのもうなずけます。誰も自分の引退のことなど考えません。だからこの年代の経営者の半数近くが、後継者がいないと言っているのです。

持株会社によるホールディング経営を継続するにしても、持株会社＝私個人という形では後継者はいつまで経っても育ちません。ホールディング経営の図式の中で後継者を育て、私が少しずつフェードアウトしていける方策を考えなければなりませんでした。

資産承継と事業承継を同時にこなす難しさ

後継者に次ぐオーナー経営のアキレス腱は、それに深く関係する資産承継の問題です。オーナーが所有する株式の贈与や相続は巨額の税金の支払いが伴うからです。私の場合も頭の痛い問題になっていました。

私が父から相続を受けた時、相続財産は全部で10億円ほどでした。ほとんどはお金に換えられない自社株や会社資産です。相続税対策のようなことは特に何もしておらず、相続人は母と私、妹の3人でした。2分の1を受け取る母は配偶者控除などがありましたが、私と妹で残りの半分に対する相続税の負担が発生しました。妹は会社の事業にはまったく関係していませんから、相続税負担をすべきは私一人でした。私は父の会社を経営していますので、銀行から融資を受けることができ、なんとか借金で相続税の支払いができました。

ところがその相続から28年が経過し、私の社長就任時には約30億円にまで伸びていた売上はその後も順調に拡大しました。M&Aを通じてグループは17社に拡大、売上は80億円を超え、所有不動産の価値を含めて、現在の資産価値の評価は優に130億円を超えています。もし今相続が発生したら、娘2人は到底相続税が払えません。有効な相続税対策が必要です。私は付き合いの深い地方銀行やそのほかの金融機関などに声を掛け、何か良い解決策があればぜひ提案してほしいと依頼し、自分でも最善策を検討していきました。

私の場合難しいのは、この資産承継の問題解決と事業承継の問題解決の2つを同時に実現しなければならないことです。誰が株をもつかということは、贈与税や相続税という資産承継問題であると同時に、経営権を誰がどのような形でもつかという問題に直結しています。しかも私の場合は一般の承継のように、次期社長となる長男に引き継ぐという同族経営の一般的なスタイルではありません。オーナー経営は終わりにすると決めています。決まった事業承継者はいませんし、特定の個人にバトンタッチするつもりは最初からありません。個ではなく集団指導的な経営体制をつくることが理想です。

そういうものがあるのか、どうすればできるのか、その場合でも、後継の指導体制が育つまで私はもうしばらく経営に関与する必要があります。現在のグループ各社の経営を維持しながら、多少時間をかけてもグループ全体を見ることができる後継の経営陣を育てていかなければなりません。それをスムーズに実行するためには、私は引き続きある程度経営に関与し、特にその経営判断ではまずいと感じたときにはストップできる権限も確保しておく必要があります。後継体制が育つ前に大きな失敗があってはグループ全体に影響を及ぼしてしまうからです。経営への関与を薄め多少の試行錯誤も認めながら後継体制の育成に重点をおいて活動していく、しかし経営に関する最後の歯止めだけは確保しておく、しかも株の移転に伴う税金の問題も同時に解決する——そのようなさまざまな要素を満たす針の穴を通すような解決策を考え出すことが必要でした。

個に依存した経営から組織経営へ

そこで考えに考えて私がつくり上げたのが、次のような仕組みです。

旧体制は182ページの図の左側のように私個人がグループのすべての株式を所有し、グループ各社の役員人事のほか、経営全般に関する決定権をもっていました。完全なオーナー個人（自然人）による経営です。このため、相続が発生すれば自動的に相続人が次のオーナーになります。相続人は2人の娘で、現在はまったく経営に関与しておらず、配偶者を含め将来もその意思はありませんが、法律上、オーナーとなり巨額の相続税を負担することになります。

そこで銀行からの提案なども参考に1年以上検討を続け、最終的に183ページの図のようなスキームを考えました。事業承継と資産承継の2つの問題を一挙に解決するものになっています。

新体制はグループ各社から募った役員33人が持株会を組成し、その持株会が株式保有会社である特別目的会社の議決権99%をもつ新オーナーとなります。ただし私も「合意権・

グループの新旧体制の比較

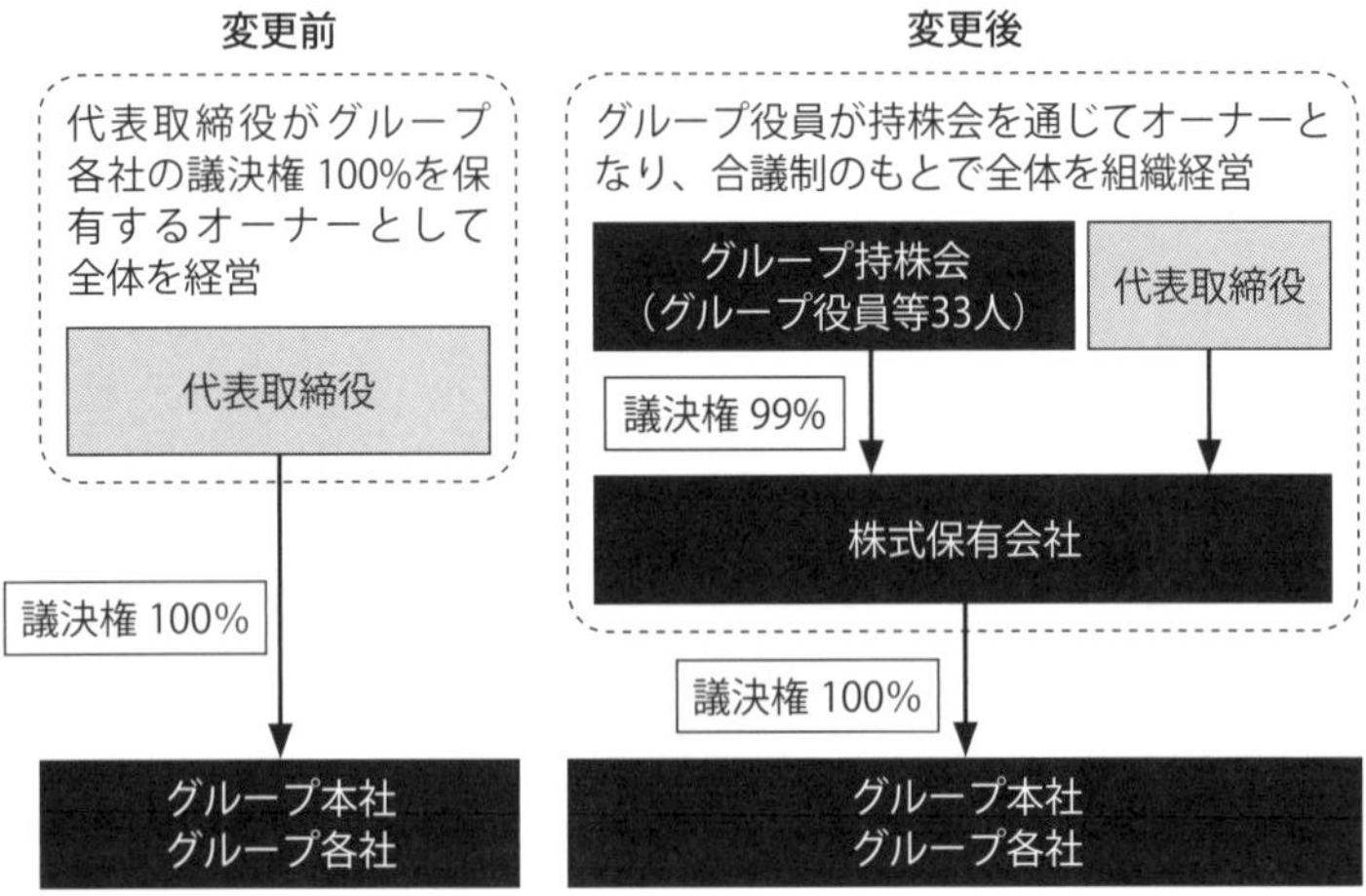

拒否権付株式」（取締役と監査役の選任権と重要案件に対する拒否権を持った黄金株）を所有し、経営への関与の余地を残しました。通常は持株会の会員がグループの理事会・常任理事会を構成して合議制でグループ全体の経営判断を行い、経営を進めますが、合議の結果は最終的に私が代表を務める取締役会の検証・決定を経てグループ各社に通知され実行に移されます。つまり持株会会員は、グループの合議オーナーと、各社の経営執行者の2つの立場をもつことになります。また私はグループ全体の経営を基本的には理事会・常任理事会の合議に委ねながら、最終的に取締役会の代表としてその方針を検証・決定するという役

グループの新体制の詳細

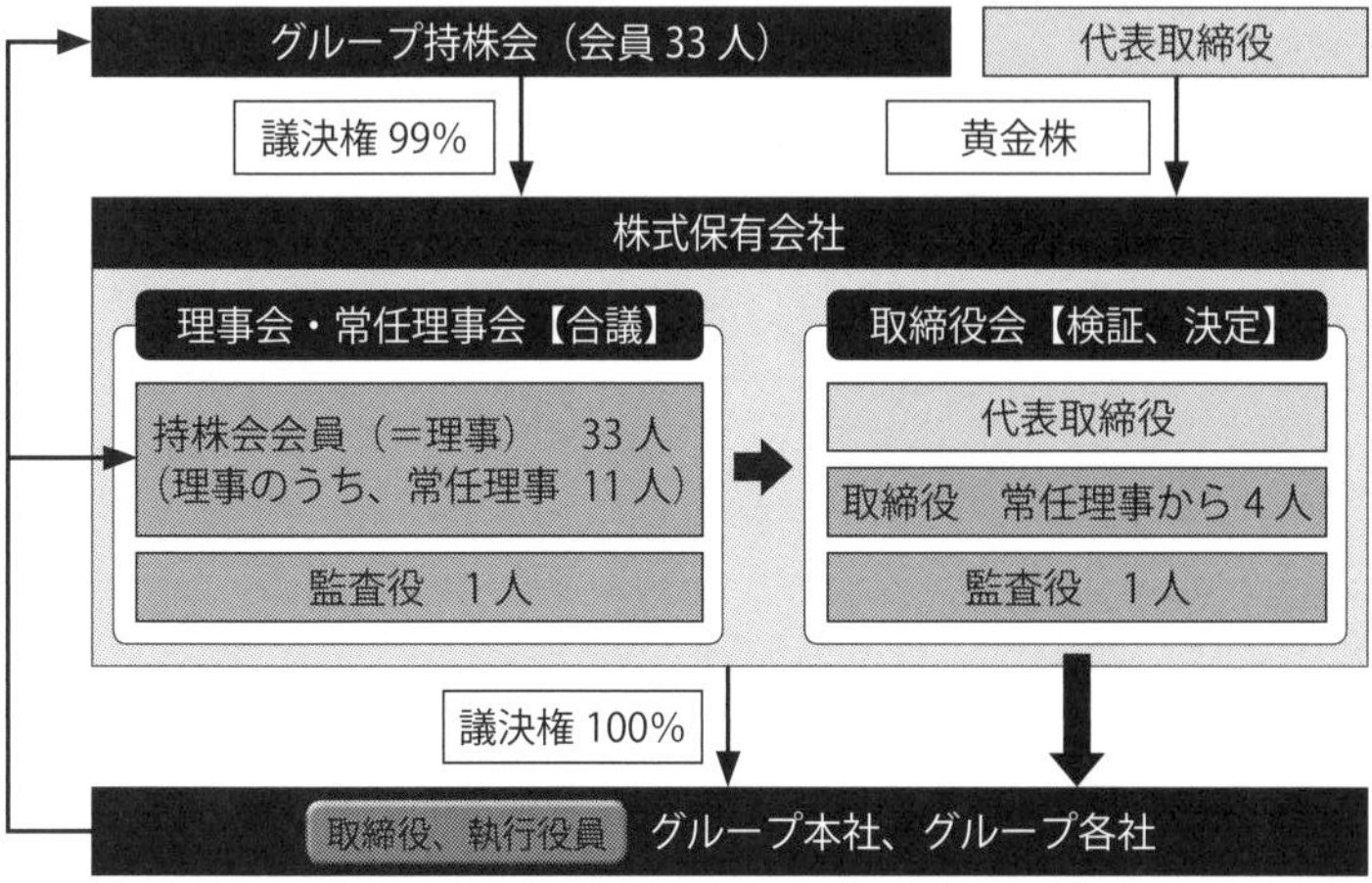

割です。実質的に経営方針を議論し検討する理事会はグループ各社から選ばれた人間で、例えば墓石販売事業の専門家であり、あるいは測量事業、不動産事業の専門家ですが、合議制を取っているので視野狭窄の心配はありません。合議のなかで新たに他分野の事業について学んでいくことも多いと思います。また経営方針は最終的には取締役会での決定を待って実施に移されるので、そこでは黄金株の所有者である私に大きな権限が残されています。基本は合議で決定された内容を尊重しますが、「その経営方針で大丈夫か」という事態になったときは私を含めて改めて議論することができます。そのなかで持株会のメンバーにグ

ループ経営の要諦を伝えていければよいと考えています。

自然人である「人」の経営から、組織としての「法人」の意思決定に基づく組織経営へと大胆に転換し、私が最終的な歯止めを掛けつつも、グループの合議による経営を通じた持株会会員の経営者意識の育成と経営幹部としての実行力の強化を図っていくというのが、この新体制の狙いです。経営人材が育っていけば、いずれは取締役会の代表も交代し、私は晴れて引退ということになります。これをコロナ禍の最中の2022年の3月に、大きな決意で発信しました。

承継人未定のまま実施する究極のMBO

持株会によるグループ経営を柱にした事業承継のスキームは、同時に娘2人の莫大な相続税の発生という問題を解決するものでもありました。

私は現在もっている株を1株だけ残してすべて持株会に売りました。当然、売却益には税金がかかります。それは払いました。

実はその金額だけを比較すれば、将来娘たちが私のもつ株を相続して払うであろう相続税の額より大きなものになっています。相続税は相続発生を知った日の翌日から10カ月以内に現金で納めるという厳しい条件はあるものの、国によるいろいろな優遇措置や控除もあります。ですから仮に税理士に相談したら十人が十人、「今株を売るのは税金が高くなりますからおやめなさい」と言います。私もそれは分かっていました。しかし、私の株は評価額1万円の1株だけになりましたから、相続時の心配はもうありません。それは私にとって非常に重要なことです。今後、事業の成長とともに株式の評価が変わっても、相続税の心配をする必要は一切ないので、非常にすっきりした気持ちになれました。税金の額が結果的に増えていても、これは私にとって大きな安心材料なのです。

ただし、この方法を成り立たせるためには、持株会は私から株を購入する資金を用意しなければなりません。しかしその資金は今の持株会にはありません。それについては私が貸し付ける形を取り、また持株会は銀行からも借りました。ですから株を買ったといっても持株会は手元から現金を持ち出しているわけではなく、私と銀行からの借入で払い、それについては今後の事業のなかで毎年返していくということになります。

一方私も、株を売却したといっても持株会に現金を貸した形ですから、実際には現金は入ってきません。ただ売却益に対する税金だけが出ていった計算です。しかしそれは支払いができる範囲でしたから別に構いません。そしてここがこのスキームのミソなのですが、この持株会への貸付金が娘たちの株式に代わる相続財産になるということです。貸付金は金銭が入ってくる権利であり、立派な相続財産ですから相続が発生すれば相続税の課税対象として計算に組み込まれます。しかし株で相続する場合はその時の評価次第なので、業績が良ければ株価はどんどん上がります。現にここ数十年、当社の株価は上がり続けていますので、相続発生時の株の評価や税金は計算できません。しかし、貸付金のみの相続であれば税額は固定されるため、娘たちの相続税が払えるだけの現金さえ残っていればよいと考えました。持株会からの返却は今すぐ始まるわけではありません。20年くらい先ですが、娘たちも今すぐお金が必要なわけでもないでしょうから、それでいいと思いました。

持株会を中心としたオーナー経営から組織経営への転換は、事業承継と資産承継の問題を1つのスキームで一挙に解決するもので、銀行の資産承継の専門家からも「今まで見たことがない」「承継人を決めないまま事業承継を行う究極のＭＢＯ（Management Buy Out：経営陣が自ら行う株式買付による企業買収）ですね。ぜひ銀行内の勉強資料にしたい」と褒められました。

単純な相続税の節税対策ならこの仕組みは考えなかったと思います。また、私の事業を引き継ぎたいという子どもがいたら別のスキームを考えたと思いますが、今の私のおかれた環境のなかでは最善の策だと思っています。

数社のグループ会社を経営しているが後継者がいない、しかし事業を継続し、企業グループも永続的に発展させていきたい、相続税対策も考えたいという中小企業のオーナーには、こういうやり方も参考になるものと思います。

持株会の会員のなかから将来の経営者を育成

すでに持株会への株式の移行は完了しました。現在は持株会の33人の理事が合議で経営に当たっています。持株会のメンバーはこれまでに経験のない2つの役割を同時に果たすということに挑戦していかなければなりません。それは簡単なことではないと思います。メンバーはそれぞれが出身母体の会社の社長であり取締役ですから、自社の経営を考えなければならず、さらにその立場を超えてグループの共同オーナーとして全体を見ていかなければなりません。私は事業会社の経営を引き継ぐことから始まって少しずつ異業種を仲間に加え、その事業内容を新たに学びながらグループを拡大し、その経営をしてきました。社長になってからの30年近い年月をかけて、事業会社の経営とグループの経営の2つを同時に担うという役割を覚えてきたわけです。しかし今の持株会のメンバーは、事業会社の経営には習熟していてもグループ全体のオーナーとしての意識はまだありません。少し時間がかかるだろうと思います。実際、事業会社とグループの間で利益相反となることは少なくないのです。その時にどう判断するか、悩むことも多いと思います。例えば直近の例でいえば、持株会は私と銀行からの借入で私の持っていた株をほぼ全株手に入れましたが、借入は返済していかなければなりません。特に銀行の返済は始まっています。その原資を確保するために、グループは毎期の事業会社からの配当金をできるだけ多くしたいと考えます。ところが事業会社にしてみれば事業の成長のために資金が欲しいので、グループに納める配当金は抑えたいのが本音です。一人の人間が経営側に立つか、オーナー側に立つか、二つの狭間に置かれてしまいます。

つまり持株会のメンバーは事業会社の経営者としては優秀でも、グループをどうするかという立場を折に触れ学んでいく必要があるのです。さらにそのためにはグループとしての一体感をいっそう高め、持株会が一体となってグループの従業員全員を率い、グループとして成長していくという意識をいっそう強めることが欠かせません。

一隻の船の乗組員として高め合う

2022年3月に事業承継・資産承継を行い、個人経営を絶ってグループによる組織経営へと大きく舵を切りました。新たな経営体制のもとで、その後もM&Aによる買収を1件実施、2018年の旧社名から改名したあと実施したM&Aも含め、現在グループ会社は全17社となり、グループの総従業員数は400人となりました。

私はグループ会社を一隻の船だと思っています。たくさんの船が船団をつくって進むのではありません。グループは各社が乗り合わせた大きな一隻の船なのです。グループの従業員は、会社は違っても同じ船に乗り合わせた乗組員です。ですから私はM&Aの話がもち込まれると、新たに加わろうとする会社と従業員が、一つの船に乗る船員にふさわしく、船と船員にとってプラスになるかどうかを考えます。一緒に船を進めていける事業と人であるか、そしてその会社が地域のトップに立つ可能性をもっているかどうか、常にその2つをじっくりと見てすべてのM&Aを実行してきました。グループ内でお互いに協調し高め合っていく、そして船を大きく前に進めていくことが私のグループ経営であり、そのことを新たに経営を担う持株会のメンバーにも、そして全400人の〝乗組員〟たちにも伝えたいと思っています。

一人で、あるいは1社ではできないことが、結束を固めたグループであれば実現できます。個人として展開してきたオーナー経営を絶ち、私は大きな船を動かすクルーの一員となってさらに遠くへと航海を続けていきます。

おわりに

　高校生の時に教師という仕事に憧れ、いずれ私を会社の後継者にと思っていた父の反対を振り切って教育学部に進み、卒業後は小学校の教員となりました。

　教員としての4年間の仕事は本当に楽しかったのですが、会社の先行きを案じる父の姿を見かねて、思い切って教員の仕事を辞めて父の会社に入り、入社後間もなく専務取締役となり、父の亡くなったあとはすぐに社長となって二代目オーナー経営者として試行錯誤しながら歩いてきました。大学進学前から自分の天職とすら信じた教員の職を辞したことが、私の絶つ人生の始まりでした。

　入社当初の10年近くは役員として父とも肩を並べていた時期があったとはいえ、その間はちょうど日本経済がバブル景気に沸いていたときです。父が始めた建築石材事業も好調でしたから、経営はすっかり父任せで、私はといえば1年に何度もヨーロッパに渡り、石材の買付をしていました。思い切って仕入れた石がよく売れて、多少は会社の業績にも貢献できたと思いますが、経営を学ぶことはありませんでした。その後のバブル崩壊による建築不況の波をもろにかぶり、さらには父の死去に伴って慌ただしく取締役社長に就任、厳しい経営環境のなかで私の経営者としての歩みが始まりました。

「もっと話を聞いておけばよかった」と何度悔やんだかしれません。判断に迷うたびに、もうこの世にいない父に向かって、答えが返るはずもない問いを重ね、父の考え方やその経営を振り返っていました。その時思い出したのが、父が遺した冊子があったことです。文庫本を一回り大きくしたくらいの体裁で80ページ足らずのものです。虫の知らせがあったのか、亡くなる2年前に自分で書いた自伝で『長い坂道』というタイトルが付けられていました。内容は事業を起こしてからの歩みを淡々とつづったもので、経営の仕方を説いたものではなく、経営理念がまとめられているわけでもありません。しかし、気がついたら社長になり、相談相手が一人もいなかった私にとって、「この時はこういう考えでこうした」という具体的な回想は非常に参考になるもので、何度も読み返しました。

社長は大きな権限がありますが、ただ一人の最終責任者であり、非常に孤独です。その立場に身を置くことになって初めて実感しました。それだけに、父の書いた文章の一行一行が、社長だからこう考えたのだなと身に染みました。私が社長でなかったら、読み取れるものはわずかだったと思います。

唯一のバイブルが父の「自伝」だったくらいですから、必要となる知識は書物などで学んでいったものの、私にあったのは経営者としての知恵も実績もない自分に対する劣等感であり、私の節目節目の判断は、私が学び私が感じたことが基準でした。しかし、振り返ってみれば、経営の素人であったことが幸いでした。過去の経験や成功体験にこだわっていたら前に進めないという時代のなかでは、過去に財産を持たない私は、ただ自分を信じて前を向くしかありません。父が社名にしたくらいですから、地元松島への思いは深かったと思いますが、地元の狭い世界と特産の松島石にこだわっていたら先はないと思って、地元への思いを絶って東京に出ました。その後も、父が始め、それしか手掛けなかった建築石材へのこだわりを捨てて、思い切って墓石販売事業に乗り出し、内部留保を着実に積むことが良い経営ではないと気づかされた時は、内部留保第一という気持ちを絶ち切ってM&Aへの積極投資に切り換え、そしてこのままでは事業承継が難しいと感じた時点で、二代にわたるオーナー経営の歴史を絶って組織経営へと舵を切りました。振り返ってみれば、過去や伝統を絶って新しい世界に踏み込むことこそ、私の経営であり、人生であったと思います。

もう一つ、自分の経営を振り返って今感じていることがあります。それは、企業経営という世界ではあったけれども、私はかつて憧れていた教員という生き方を少しは実践できたのではないかということです。

私は覚悟を決めて二代目社長になってからも、何度も「教員としてそのまま人生を送ることができたらどんなに良かっただろう」と思いました。しかし今は、教員時代と同じこともしてきたのではないかと思っています。

教員の仕事は、教科書に書かれていることを知識として授け、試験で良い点を取らせるとか、志望校に合格できるようにするということではありません。それなら塾で教えればいいのです。学校教員の仕事は、教育の場にやって来るさまざまな子どもたちに学ぶ楽しさや喜びを体験させることです。ある集団や社会のなかで自分らしく存在し、その可能性を発揮する方法を見いだして、自分の個性を活かしながら自分自身が成長するだけでなく、より良い集団や社会を実現していく手応えを感じてもらうことにあります。一人ひとりが人間としての成長と成熟の道を歩めるようにすることが、教員という仕事だと思います。

私は最初に赴任した全校・全学年合わせて児童数50人足らずという小さな小学校で、女子ミニバスケットボールチームの顧問になりました。県内には児童数が圧倒的に多く、強豪チームを擁する学校が何校もあり、私は生徒の特徴を一生懸命に見て、誰と誰をどういうふうに組み合わせるとチームとして最大の力が出るかとそればかり考えてチームを編成し大会に臨みました。大規模校のように能力の高い順に上からメンバーを選べばそれでチームができるような恵まれた状況ではなかったからです。ところが私のチームは予想もしなかった快進撃で県の上位になって非常に驚かれ、大きな話題になりました。個性を見極め、子どもが最大の力を発揮できる環境をつくれば、チームは単なる人数の足し算以上の力を発揮するのです。そういう環境を与え、「自分はできる」という気づきと、もっと頑張ってみようという向上の意欲を与えることこそ教員の仕事だと改めて感じた出来事でした。体格が劣り、チームを構成する学年もバラバラで控え選手も満足にいないようなチームが勝ち上がり、生徒たちの顔に自信がみなぎってくる様子を目の当たりにするのはまさに教員冥利に尽きました。

教師の世界は4年で離れたとはいえ、私は会社経営のなかでも同じことを追求していました。誰と誰がどの仕事を担えば成果は最大になり、その仕事を通じて当人たちが成長していけるのかをいつも考えていたのです。M&Aでグループに加えた会社についても、同じように、誰が何をするのが良いのか、一人ひとりの個性や能力を知って、それが最大限に発揮できて、本人がいちばん輝ける仕事やポジションを探していました。ある仕事、ある場面ではあまり力が発揮できない人も、会社がピンチになったときには普段見せない力を発揮することがあります。目の前の一人ひとりを、さまざまな業務や状況のもとに私の想像のなかで配置し、それぞれの場面で誰とどんなコミュニケーションを取りながら働いてくれるかを見極め、その人が最も輝くところで力を発揮してもらい、欠点や弱さはできるだけ出ないようにする――それが〝教員的〟な関わりだと思います。それが人を見るということであり、適材適所ということだろうと思うのです。

M&Aで仲間に入った会社が例外なく業績を伸ばし、組織を拡大していくことができた背景には、そうした私の取り組みも、ささやかながら力になったのではないかと感じています。教員として生きていくという夢は叶いませんでしたが、会社の経営者としての仕事のなかで、私はある時は教員として生きてきたと思っています。

世界は今本当に不透明で不確実な時代の真っただ中にあります。一人のスーパースターではなく、一人ひとりが自分の可能性を最大限に発揮できる環境を得て、その多様な力を一つにまとめ上げなければ、未来は切り拓けません。そのために中小企業経営者は何を考えればいいのか、そのヒントを読み取っていただければ幸いです。

縁あって私と同じ船に乗り込み、力を合わせて航海を続けるすべての皆さんへの感謝を記して筆をおきます。

八木秀一（やぎ　しゅういち）

1956年、宮城県東松島市生まれ。宮城教育大学卒業。小学校教諭を経て、1984年に松島産業株式会社（現：ランドワーク株式会社）に入社。1996年、代表取締役社長に就任。2000年、墓石小売ショールーム「まつしまメモリーランド泉店」オープン。2009年、品川倉庫をTOBにより子会社化。2012年、一測設計を株式譲渡により子会社化。その後も積極的にM&Aを展開し、現在17社でグループを構成。祖業である建築石材業に加え、国内最大規模の墓石小売事業、不動産事業、建設コンサルタント事業、貿易事業などを推進。それぞれの会社がプロフェッショナルとして専門知識と技術を磨き、各社相互に連携してノウハウや情報を共有。グループのネットワークを活かした総合力で顧客満足度の高いソリューションを提供している。入社時に約3億円だった売上は、現在80億円にまで拡大。

本書についての
ご意見・ご感想はコチラ

「絶つ」経営

2024年1月19日　第1刷発行

著　者　　八木秀一
発行人　　久保田貴幸

発行元　　株式会社 幻冬舎メディアコンサルティング
〒151-0051　東京都渋谷区千駄ヶ谷4-9-7
電話　03-5411-6440（編集）

発売元　　株式会社 幻冬舎
〒151-0051　東京都渋谷区千駄ヶ谷4-9-7
電話　03-5411-6222（営業）

印刷・製本　中央精版印刷株式会社
装　丁　　弓田和則

検印廃止

Printed in Japan
ISBN 978-4-344-94753-5 C0034
幻冬舎メディアコンサルティングＨＰ
https://www.gentosha-mc.com/